中国特色高水平建筑装饰工程技术专业群建设系列教材
高等职业教育土建类“十四五”系列教材

单位工程施工组织设计

DANWEI
GONGCHENG SHIGONG
ZUZHI SHEJI

活页式教材

主　编　王　磊　安沁丽　曹洪吉
副主编　毛燕红　张周强　徐　峰

电子课件
（仅限教师）

華中科技大學出版社
http://press.hust.edu.cn
中国·武汉

内 容 简 介

本书依据《建筑工程施工组织设计规范》(GB/T 50502—2009)、《施工现场临时建筑物技术规范》(JGJ/T 188—2009)和《工程网络计划技术规程》(JGJ/T 121—2015)等规范编写而成，是建筑工程技术专业毕业论文(设计)指导用书。

本书主要包括建筑工程施工准备、施工方案的选择、单位工程施工进度计划的编制、施工资源计划编制、施工平面图设计、施工管理措施、单位工程施工组织设计任务指导书等内容。本书内容通俗易懂，深入浅出。读者通过理论学习和实践后，能快速掌握编制单位工程施工组织设计的基本技能。

本书注重培养技术型应用人才，吸收了建筑工程技术与管理的新成果，密切联系实际工程。本书可作为高职高专建筑工程技术专业、工程监理专业、工程管理专业、工程造价专业等土建类专业和应用型本科土建类专业的毕业论文(设计)指导用书，也可作为相关专业及岗位培训教材，还可供土建工程有关技术、管理人员学习、参考。

图书在版编目(CIP)数据

单位工程施工组织设计/王磊，安沁丽，曹洪吉主编．—武汉：华中科技大学出版社，2023.5
ISBN 978-7-5680-9413-9

Ⅰ.①单… Ⅱ.①王… ②安… ③曹… Ⅲ.①建筑工程-施工组织-设计-高等职业教育-教材
Ⅳ.①TU721

中国国家版本馆 CIP 数据核字(2023)第 096337 号

单位工程施工组织设计
Danwei Gongcheng Shigong Zuzhi Sheji

王　磊　安沁丽　曹洪吉　主编

策划编辑：康　序
责任编辑：李曜男
封面设计：孢　子
责任监印：朱　玢
出版发行：华中科技大学出版社(中国·武汉)　　电话：(027)81321913
　　　　　武汉市东湖新技术开发区华工科技园　　邮编：430223
录　　排：武汉创易图文工作室
印　　刷：武汉科源印刷设计有限公司
开　　本：787mm×1092mm　1/16
印　　张：9.25　插页：1
字　　数：246 千字
版　　次：2023 年 5 月第 1 版第 1 次印刷
定　　价：55.00 元

前言

Preface

《单位工程施工组织设计》是在《国家职业教育改革实施方案》的指导下，在新时代"三教改革"的背景下，践行新时代特色"三全育人"，传承精湛创新的"鲁班文化"，弘扬精益求精的"工匠精神"，以立德树人为根本任务，以培养德技并修的高素质技术技能人才为出发点，以社会需求为导向，通过校企合作，根据土建类专业教学标准，结合施工员、安全员、资料员等岗位及建造师职业能力要求编写的。

单位工程施工组织设计是建筑工程技术专业群的岗位专项能力课程、专业综合实训课程，着重培养建筑工程技术专业从业人员的专业综合知识和能力，提升职业素养、职业道德、职业操守和个人综合素养。本书在每个项目中潜移默化地融入思政教育、劳动教育及职业教育等内容，帮助学生提高职业认同感、树立爱岗敬业的职业精神，润物无声、循序渐进地开展课程思政教育，促进学生树立正确的价值观。本书从坚守职业道德、奋斗职业理想、热爱本职工作出发，培养有时代担当的高素质技术技能人才。

通过对本书的学习，学生可以系统地掌握如何根据具体的工程条件科学合理地选择工程施工方案、制订并优化施工进度；根据工程实际布置施工现场、编制可行的施工组织设计，并在施工组织设计贯彻实施的过程中做好施工技术管理，进行成本、进度和质量控制，具备工程项目组织与管理的基本能力。

本书在编写过程中坚持以综合素质培养为目标，以职业核心岗位能力培养为原则，经过企业人才需求调研和论证，以单位工程的施工组织设计为项目载体，基于完成项目中的任务进行解构，分为 7 个学习项目，包括建筑工程施工准备、施工方案的选择、单位工程施工进度计划的编制、施工资源计划编制、施工平面图设计、施工管理措施、单位工程施工组织设计任务指导书等内容。本书可作为建筑工程技术专业、工程监理专业的教材，也可作为建筑施工技术人员的参考书。

本书由江苏建筑职业技术学院王磊、安沁丽、曹洪吉担任主编，由江苏建筑职业技术学院毛燕红、龙信建设集团有限公司张周强、陕西航天建设集团有限公司徐峰担任副主编。本书由王磊统稿、整理。

本书大量引用了有关专业文献和资料，未一一注明出处，在此对有关专业文献的作者表示感谢。由于编者水平有限，加之时间仓促，书中难免存在疏漏和不妥之处，恳请读者、同行专家批评指正。

编者

2023 年 5 月

目录

Contents

项目1

建筑工程施工准备

学习目标

学生通过对建筑工程施工前的劳动组织准备、施工技术准备、施工物资准备、施工现场准备等各项准备工作的学习和模拟训练，在指导教师的引导下，根据拟建建筑工程资料，能够完成施工项目经理部的组建、工程图纸会审、编制施工准备工作计划及开工报告等施工管理的前期工作。

任务设计

编号	任务名称	学时	任务目标	支撑知识	训练方式	提交成果
1.1	劳动组织准备	1	具备参与组建项目经理部的能力	1. 熟悉项目经理的职责、权限和任务； 2. 掌握项目经理部的组织形式； 3. 熟悉项目部各岗位职责	模拟组建项目经理部	绘制项目经理部组织机构图，编制主要管理岗位职责
1.2	图纸会审	1	1. 具备建筑施工图的初步阅读能力； 2. 具备参与图纸会审、编写会审纪要的能力	1. 熟悉参建单位对图纸工作的组织和会审图纸的要求； 2. 掌握图纸会审的组织和程序； 3. 掌握图纸会审纪要的编写	模拟图纸会审纪要	图纸会审纪要
1.3	编制施工准备工作计划及开工报告	2	能编制施工准备工作计划，填写开工报审表和开工报告	1. 编制施工准备工作计划； 2. 填写开工报审表、开工报告	教师给定表式并进行讲解演示，学生根据任务要求填写相关材料	编制施工准备工作计划及开工报告

1.1 劳动组织准备

能力目标

具备根据《建设工程项目管理规范》(GB/T 50326—2017)以及拟建工程规模、特点，选取恰当的组织管理模式、合理划分岗位职责的能力。

课程思政

按照《建设工程项目管理规范》(GB/T 50326—2017)的要求，培养项目经理最基本的职业道德素养；在将来的工作岗位遵守规则，在职业道路上，遵守职业道德操守、恪守职业本分。

坚持认真严谨的工作、学习态度和精益求精的职业精神，做好本职工作。发扬当代青年勇担时代赋予的重大使命的精神，不负韶华、不负青春。

任务引入

某大型市政工程项目由 A、B、C 三个标段组成，采用施工总承包方式。评标后，某建筑公司中标。该公司确定了项目经理，在施工现场设立了项目经理部。项目经理部下设物资设备部门、进度控制部门、质量控制部门、合同控制部门、信息管理部门等五个职能部门，设立 A、B、C 三个项目管理部。

思考：为充分发挥职能部门和施工管理组的作用，使项目经理部具有机动性，应选择哪种组织结构形式？

任务内容

选择施工项目经理部的组织机构形式，绘制出组织机构图。

编制项目经理部主要管理人员岗位职责。

任务成果

根据任务要求，完成项目经理部的组织机构图，确定项目经理部主要管理人员岗位职责，以电子版和打印版形式提交成果。

任务考核

自我分析及评价

成果评价表

职业能力评价	标准分	自我评价	小组评价	组间评价	教师评价
组织机构形式	60				
项目经理责权利	20				
项目部主要岗位职责	20				

个人表现及加分理由：

1.2　图纸会审

能力目标

具备建筑工程施工图纸识读能力。

具备参与图纸会审、编写会审纪要的能力。

掌握图纸会审的组织和程序。

课程思政

锻炼学生的团队工作意识和能力；坚持认真严谨的工作、学习态度和精益求精的职业精神，做好图纸会审以澄清疑点，消除设计缺陷，统一思想，使设计达到经济、合理的目的。

明确图纸会审是解决图纸设计问题的重要手段，对减少工程变更、降低工程造价、加快工程进度、提高工程质量都起着重要的作用。通过图纸会审，使设计符合有关规范要求。

任务引入

图纸会审是指工程各参建单位（建设单位、设计单位、监理单位、施工单位等相关单位）在收到施工图审查机构审查合格的施工图设计文件后，在设计交底前进行全面细致的熟悉和审查施工图纸的活动。各单位相关人员应熟悉工程设计文件，并应参加建设单位主持的图纸会审会议，建设单位应及时主持召开图纸会审会议，组织监理单位、施工单位等相关人员进行图纸会审，并整理成会审问题清单，由建设单位在设计交底前约定的时间提交设计单位。图纸会审由施工单位整理会议纪要，与会各方会签。

会审程序

图纸会审应在开工前进行。如果施工图纸在开工前未全部到齐，可先进行分部工程图纸会审。

（1）图纸会审的一般程序：业主或监理方主持人发言→设计方图纸交底→施工方、监理方代表提问题→逐条研究→形成会审记录文件→签字、盖章后生效。

（2）图纸会审前必须组织预审。预审中发现的问题应归纳汇总，会上派一位代表为主发言，其他人可视情况适当解释、补充。

（3）施工方及设计方专人对提出和解答的问题做好记录，以便核查。

（4）整理成为图纸会审记录，由各方代表签字盖章认可。

5～7人组成一个小组，以组为单位，分别扮演建设方、设计方、监理方和施工方，模拟图纸会审。

任务内容

以指导教师发布的拟建建筑工程图纸为背景，分组熟悉施工图纸，对建筑施工图、结构施工图进行审核，提出问题，通过角色扮演参建各方开展一次图纸会审模拟练习，并完成图纸会审纪要。

任务成果

完成图纸会审纪要表，以电子版和打印版形式提交成果。

图纸会审纪要表

编号：

<table>
<tr><td colspan="2">工程名称</td><td colspan="2"></td><td colspan="2">建设单位</td><td></td></tr>
<tr><td colspan="2">勘察设计单位</td><td colspan="2"></td><td colspan="2">监理单位</td><td></td></tr>
<tr><td colspan="2">施工单位</td><td colspan="2"></td><td colspan="2">结构类型</td><td></td></tr>
<tr><td colspan="2">建筑面积</td><td colspan="2">m²</td><td colspan="2">工程造价</td><td>万元</td></tr>
<tr><td colspan="2">会审地点</td><td colspan="2"></td><td colspan="2">会审日期</td><td></td></tr>
<tr><td colspan="2">主持人</td><td colspan="2"></td><td colspan="2">记录人</td><td></td></tr>
<tr><td>序号</td><td>图号</td><td colspan="2">图纸问题</td><td colspan="3">会审记录</td></tr>
<tr><td></td><td></td><td colspan="2"></td><td colspan="3"></td></tr>
<tr><td></td><td></td><td colspan="2"></td><td colspan="3"></td></tr>
<tr><td></td><td></td><td colspan="2"></td><td colspan="3"></td></tr>
<tr><td></td><td></td><td colspan="2"></td><td colspan="3"></td></tr>
<tr><td rowspan="3">签字栏</td><td colspan="2">建设单位（签章）</td><td colspan="2">监理单位（签章）</td><td>设计单位（签章）</td><td>施工单位（签章）</td></tr>
<tr><td colspan="2"></td><td colspan="2"></td><td></td><td></td></tr>
<tr><td colspan="2">日期：</td><td colspan="2">日期：</td><td>日期：</td><td>日期：</td></tr>
</table>

任务考核

自我分析及评价

成果评价表

职业能力评价	标准分	自我评价	小组评价	组间评价	教师评价
图纸会审组织程序	50				
图纸会审纪要编写	50				

个人表现及加分理由：

1.3 编制施工准备工作计划及开工报告

能力目标

具备编制施工准备工作计划的能力。

具备填写开工报审表和开工报告的能力。

课程思政

“凡事预则立，不预则废”。在工程项目实施过程中，施工准备工作计划意义重大。编制计划的过程中，培养学生的全局观，使学生站在整体的高度审视施工项目。通过项目任务实施过程使学生在潜移默化中传承精益求精的工匠精神。

任务引入

施工准备是为了保证工程正常开工和连续、均衡施工而进行的一系列准备工作，是施工程序中的重要环节，不仅存在于开工之前，而且贯穿在整个施工过程中。施工准备工作是对拟建工程目标、资源供应和施工方案的选择及其空间布置和时间排列等诸方面进行的施工决策。

任务内容

以指导教师发布的拟建建筑工程图纸和工程概况为背景，对施工准备工作进行分析，按照技术准备、人员准备、物资准备、现场准备四个方面完成施工准备工作计划；填写开工报审表和开工报告。

任务成果

完成施工准备工作计划表、开工报审表和开工报告，以电子版和打印版形式提交成果。

施工准备工作计划表

编号	项目	内容简介	负责部门	负责人	时间
1	技术准备	组织有关人员进一步学习、熟悉施工图纸、招标文件,进行内部图纸自审	工程部		
		进行现场详细踏勘,收集现场有关原始资料			
		编制实施性施工组织设计			
		制定质量、安全和工期控制措施及实施办法			
2	组织准备	建立项目管理机构,确定项目部管理人员配备	项目经理办公室		
		落实施工队伍、调集施工人员,组织施工人员进场			
		对施工人员进行组织设计、计划和技术、安全交底			
		建立项目管理制度、工作制度,明确工作职责			
3	物资准备	制订材料采购计划及施工机具使用计划	材料部		
		原材料联系、采购、检验,混凝土、砂浆配比设计、试验	加工厂		
		机械设备进场、组装、调试及试运转	材料部		
4	现场准备	进场测量控制点交接、复核,设立施工测量控制网点	工程部		
		引入施工电源、水源,进行场地清理平整			
		搭建或租赁临时施工设施			
		设置防护、消防、保卫及安全文明等设施			

开工报审表

工程名称：

致：__________________（建设单位）

我方承担的______________________________工程，已完成相关准备工作，具备开工条件，特申请于________年________月________日开工，请予以审批。

附件：开工报告

施工单位（盖章）：

项目经理（签字）：

日期：　　年　　月　　日

审核意见：

项目监理机构（盖章）：

总监理工程师（签字、加盖执业印章）：

日期：　　年　　月　　日

审批意见：

建设单位（盖章）：

建设单位代表（签字）：

日期：　　年　　月　　日

注：本表一式三份，建设单位、监理单位、施工单位各一份。

开工报告

工程名称		工程地点	
施工单位		监理单位	
施工面积		承包方式	
定额工期	天	合同编号	
计划开工日期	年　月　日	计划竣工日期	年　月　日
说明	施工准备工作已完成： 1.施工组织设计审批； 2.施工管理人员配置到位； 3.工程材料进场满足施工进度需要； 4.施工机械和周转材料进场满足工程进度需要		

上述准备工作已就绪，定于　年　月　日正式开工，希望建设(监理)单位于　年　月　日进行审核，特此报告。

施工单位：

项目经理：

（公章）

年　月　日

审核意见：

总监理工程师(建设单位项目负责人)：

（公章）

年　月　日

任务考核

自我分析及评价

成果评价表

职业能力评价	标准分	自我评价	小组评价	组间评价	教师评价
施工准备工作计划	30				
开工报审表	40				
开工报告	30				

个人表现及加分理由：

项目2

施工方案的选择

学习目标

学生通过对拟建建筑工程施工方案的学习及训练，能根据工程资料，根据拟建建筑工程资料，完成基础工程、主体结构工程、屋面防水工程、装饰工程等各分项工程施工方案的编制。

任务设计

编号	任务名称	学时	任务目标	支撑知识	训练方式	提交成果
2.1	基础工程施工方案的编制	1	具备根据施工图纸和工程实际，独立完成基础工程施工方案编制的能力	1. 掌握基坑开挖和支护的施工要点； 2. 掌握独立基础、条形基础、筏板基础及箱形基础施工方案； 3. 掌握桩基础施工方案	给定实际拟建工程，按实际选择合理的基础工程施工方案	某建筑基础工程施工方案
2.2	主体结构工程施工方案的编制	2	具备针对不同建筑结构类型选择合理的施工方法，并编制主体结构工程施工方案的能力	掌握钢筋混凝土工程、砌体工程、结构安装工程等施工方案相关知识	给定实际拟建工程，按实际选择合理的主体结构工程施工方案	某建筑主体结构工程施工方案
2.3	屋面工程施工方案的编制	1	具备针对不同建筑屋面结构类型选择合理的施工方法，并编制屋面工程施工方案的能力	掌握屋面防水、保温隔热施工方案相关知识	给定实际拟建工程，按实际选择合理的屋面防水工程施工方案	某建筑屋面工程施工方案
2.4	装饰工程施工方案的编制	1	具备选择合理的装饰施工方法，并编制装饰工程施工方案的能力	掌握吊顶、抹灰、饰面、隔墙、门窗、幕墙工程等装饰施工方案相关知识	给定实际拟建工程，按实际选择合理的装饰工程施工方案	某建筑装饰工程施工方案

2.1 基础工程施工方案的编制

能力目标

具备独立完成基础开挖、支护方案编制的能力。

具备独立完成独立基础、条形基础、筏板基础及箱形基础施工方案编制的能力。

具备独立完成桩基础施工方案编制的能力。

具备独立完成基础工程施工机械配置的能力。

具备确定基础工程流水组织的能力。

课程思政

通过基础工程施工方案编制培养学生开阔视野与格局;万丈高楼平地起,基础决定高度。培养责任意识;基础承上启下,基础不牢,地动山摇。培养社会责任感;基坑开挖对周边建筑物影响重大,基坑施工不能影响相邻建筑物的安全;告诫学生考虑问题要周全,要具有社会责任感,顾全大局;通过各种特殊性土的分布让学生了解我国地域辽阔,资源丰富,激发学生的爱国热情;通过不同的施工方案比选培养学生的敬业精神;工程人员要有一丝不苟的工作作风。因地制宜,就地取材,合理规划,精心布局。通过选择施工器械,树立学生对祖国强大科技力量的自信,激活学生对科学创新的兴趣。

任务引入

2009 年 6 月 27 日清晨 5 时 30 分左右,上海闵行区"莲花河畔景苑"小区一栋在建的 13 层住宅楼发生整体倒塌,楼房在倒塌中并未完全粉碎,楼房底部数十根混凝土管桩被"整齐"地折断后裸露在外。由于倒塌的高楼尚未竣工交付使用,所以事故并没有酿成特大居民伤亡事故。

事故调查专家解释,事发楼房附近有过两次堆土施工:第一次堆土施工发生在半年前,堆土距离楼房约 20 m,离防汛墙 10 m,高 3~4 m;第二次堆土施工发生在 6 月 20 日,施工方在事发楼盘前方开挖基坑,土方紧贴建筑物北侧,堆土在 6 天内即高达 10 m。第二次堆土是造成楼房倾覆的主要原因。土方在短时间内快速堆积,产生了近 29 400 kN 的侧向力,加之楼房前方由于开挖基坑出现临空面,导致楼房产生 10 cm 左右的位移,对 PHC(预应力高强度混凝土)桩产生很大的偏心弯矩,最终破坏桩基,引起楼房整体倾覆。

工程技术人员必须全面考虑施工过程中可能发生的事故隐患。尽力减少事故发生的可能性。技术把关,遵循基本建设程序,严格按规程施工;材料把关,避免因材料质量不符合要求导致质量事故;施工管理把关,重视过程质量检查及验收工作。在建设过程中建立健全质量、安全保障机构,加强对施工人员的质量、安全技术交底。

任务内容

以指导教师发布的拟建建筑基础工程图纸为背景，结合基础类型及地质勘察报告进行分析，划分施工过程，计算基础分项工程量并划分施工区段，合理选择基坑开挖方案、基础施工方法及施工器械，编制基础工程施工方案。

任务成果

根据任务要求，完成基础工程施工方案，以电子版和打印版形式提交成果。

基础工程施工方案大纲

1. 基础工程概况、施工安排

2. 基础工程施工进度计划、施工准备与资源配置计划

3. 基础工程施工方法及工艺要求、施工机械配置

要求：完成基础工程施工方案编制任务，步骤齐全，计算准确，图表清晰。

任务考核

自我分析及评价

成果评价表

职业能力评价	标准分	自我评价	小组评价	组间评价	教师评价
基坑开挖、支护方案编制	30				
基础施工方案编制	40				
基础施工机械选择	30				

个人表现及加分理由：

2.2 主体结构工程施工方案的编制

能力目标

具备独立完成砖混结构、框架结构、剪力墙结构等主体工程施工方案编制，拟定施工过程的施工方法和施工机械的能力。

具备独立完成组织主体工程流水施工的能力。

课程思政

通过不同建筑结构的施工方案编制，引入中国建筑的发展历程，引导学生领会结构的发展不仅是文化的沉淀，更是文化的创新。坚定文化自信，传承文明，更要激发斗志，永葆开拓创新的精神。施工过程中遵规守纪，合理规划、科学建造，确保结构满足安全、适用、耐久的功能要求。遵纪守法，以正确的人生观和价值观为社会主义建设贡献力量。

混凝土结构构件和结构形式丰富，适用范围广泛，施工方案必须满足规范要求。培养学生服务社会，追求科学的崇高人生价值，树立遵守职业道德、弘扬工匠精神的价值观。砌体结构虽为夕阳结构，但也是曾经的主力建筑结构。见证砌体结构的发展历史，体会祖国在苦难中成长的不易，引导学生厚植爱国主义情怀；坎坷、坚强和突破的史诗更激发学生的爱国情、强国志、报国行。结合钢结构、装配化的发展趋势，引导学生领会改革创新是时代发展的需要，激励青年大学生的勇往直前、奋斗不息的决心。

任务引入

2011 年 7 月，某省地级市一处拆迁安置房的 8 栋封顶刚刚两个月的楼房，因墙体大面积爆裂被实施拆除。居民用手轻轻触碰，墙皮就会掉落，墙体爆裂面积占整体面积的九成以上；用脚踢一下砖，砖随即碎掉。民众质疑，“楼脆脆”何以能疯长 8 栋，层层监管为何没能把住关？

“楼脆脆”位于该市“某某园”小区，共有 8 栋六层楼房，总建筑面积近 25 万平方米，是该地级市某项目的拆迁安置房，计划安置 300 多户被拆迁居民。

据媒体曝光，“某某园”小区存在严重的质量问题，墙体爆裂面积占整体面积的 90%以上，一时社会上舆论纷纷。

对于这个豆腐渣工程，有民众和居民质疑为何 8 栋楼已经封顶了才发现存在严重的质量问题，层层监管为何没能把住关？

建设工程质量关系到人民生命财产的安全，影响国民经济的发展和社会的安定。高度重视、严格控制工程施工质量，是工程建设者义不容辞的责任。建立以规范标准为主要内容的工程质量保证体系、质量管理体系和质量监督体系，围绕工程项目和建设主体，多层次、全方位实施工程质量监管，维护国家和人民的利益。

任务内容

以指导教师发布的拟建建筑施工图纸、结构施工图纸为背景，结合该建筑结构类型进行分析，划分施工过程，计算主体结构分项工程量并划分施工区段，合理选择施工方案、施工方法及施工机械，编制主体结构施工方案。

任务成果

根据任务要求，完成主体结构施工方案，以电子版和打印版形式提交成果。

主体结构施工方案大纲

1. 主体结构工程概况、施工安排

2. 主体结构施工进度计划、施工准备与资源配置计划

3. 主体结构施工方法及工艺要求、施工机械配置

要求：完成主体结构施工方案编制任务，步骤齐全，计算准确，图表清晰。

任务考核

自我分析及评价

成果评价表

职业能力评价	标准分	自我评价	小组评价	组间评价	教师评价
主体结构施工方案编制	60				
主体结构施工机械选择	40				

个人表现及加分理由：

2.3 屋面工程施工方案的编制

能力目标

具备针对不同建筑屋面结构类型，选择合理的施工方法，并编制屋面工程施工方案的能力。

具备编制屋面防水、屋面保温隔热工程施工方案的能力。

课程思政

屋面工程施工关系到屋面防水、保温、隔热等诸多问题，通过编制科学合理的施工方案，确定施工工艺，树立坚定工匠精神、打造良心工程的决心，培养学生精益求精的工匠精神，使学生对将来所从事施工技术工作满怀责任心和使命感。

任务引入

新房渗水，屋顶钢筋外露。2015 年，某市张先生购买的房屋，几乎所有的房间都出现了渗水，而开发商仅使用腻子对屋内渗水痕迹进行修饰掩盖。

张先生在父母的帮助下购买了这套房，准备做结婚新房，现在出现的渗水质量问题令他揪心。新房的楼顶虽然进行了防水处理，防水处理太过于粗糙，防水层也很薄，渗水点依然很多。在一处楼顶，甚至出现了积水的现象。在相邻的电梯机房楼顶，楼面大面积开裂，楼面一旦出现渗水，就会直接影响电梯的正常运行。

屋面工程设计应遵照“保证功能、构造合理，防排结合、优选用材、美观耐用”的原则。

屋面工程应符合下列基本要求：

①具有良好的排水功能和阻止水侵入建筑物内的作用；

②冬季保温减少建筑物的热损失和防止结露；

③夏季隔热，降低建筑物对太阳辐射热的吸收；

④适应主体结构的受力变形和温差变形；

⑤承受风、雪荷载的作用不产生破坏；

⑥具有阻止火势蔓延的性能；

⑦满足建筑外形美观和使用的要求。

任务内容

以指导教师发布的拟建建筑屋面工程施工图纸为背景，结合该屋面结构类型进行分析，划分施工过程，合理选择施工方案，编制屋面工程施工方案。

任务成果

根据任务要求，完成屋面工程施工方案，以电子版和打印版形式提交成果。

屋面工程施工方案大纲

1. 屋面工程概况、施工安排

2. 屋面工程施工进度计划、施工准备与资源配置计划

3. 屋面工程施工方法及工艺要求、施工机械配置

要求：完成屋面工程施工方案编制任务，步骤齐全，计算准确，图表清晰。

任务考核

自我分析及评价

成果评价表

职业能力评价	标准分	自我评价	小组评价	组间评价	教师评价
屋面工程施工方案编制	70				
屋面工程施工机械选择	30				

个人表现及加分理由：

2.4 装饰工程施工方案的编制

能力目标

具有吊顶、抹灰、饰面、隔墙、门窗、幕墙工程等装饰工程施工方案相关知识。

具备选择合理的装饰工程施工方法，并编制装饰工程施工方案的能力。

课程思政

装饰工程施工方案编制要引导学生在从事装修设计、施工、管理、验收等活动时树立工程伦理意识，充分认识到装饰工程体现出的自然、社会和生态价值，自觉以遵循伦理规范来约束装修实践活动。装饰工程不能以浪费资源为代价进行过度装修，要重视绿色饰材的使用，从源头上把好室内环境污染的第一关；施工和验收时要严格执行相关标准，把好施工质量关。装饰装修从业者应树立诚信意识，履行应尽的责任，遵守职业道德和操守。

目前，建筑装饰装修行业新材料、新技术、新模式层出不穷，如无醛木质装饰材料、整体厨房及卫浴、装修部品标准化设计、工厂化生产、装配式施工、智能家居、互联网＋背景下的装修产业服务链以及智能生产等，极大提升了我国建筑装饰装修行业水平。充分挖掘新材料、新技术或新模式背后的科学思维、创新过程以及绿色发展理念，让学生真切感受到自己所学内容与行业的新成就和新进展密切相关，深入理解创新和绿色发展是助推装饰装修行业前行的根本动力，增强专业自豪感，激发创新激情。

任务引入

某市张先生，在 2017 年 4 月与某装修公司签订合同后，开始施工，2017 年 10 月份竣工。入住几个月，客厅、卫生间外墙就开始起泡、墙体脱落，墙面多处发霉；厨房下水道漏水，橱柜的木板浸水腐烂，卧室门框发霉脱落。

室内装修有几个常见的质量问题。

1. 铺贴瓷砖脱落

墙砖、地砖铺贴是一个技术性较强的工序，如果施工不当，容易出现瓷砖空鼓等问题，铺贴瓷砖用的水泥和黏结剂如果配合比不当也会出现瓷砖脱落等问题。

2. 插座发热

电工在安装插座、开关和灯具时，未按施工要求接线，在业主使用一些耗电量较大的热水器、空调等电器时，造成开关、插座发热，甚至烧毁，给业主带来了严重损失。

3. 墙面开槽、墙体开裂

暗埋管线要在墙体和地面开槽，将管线埋入。部分施工人员在进行开槽操作时野蛮施工，不仅破坏了建筑承重结构，还有可能给附近的其他管线造成损坏。

4. 电线套穿的用电隐患

在装修施工中，几乎所有电线都穿在PVC管或钢管中，暗埋在墙壁内。如果施工人员在操作中不认真，会导致电线在管内扭结，造成用电隐患。如果工人有意偷工减料，就会使用带接头的电线或将几股电线套穿在同一根PVC管内。

5. 地面找平危害楼体

若房屋的地面不够平整，在装修中需要重新找平。施工人员施工操作水平有限或不认真，可能会造成"越找越不平"的问题，而且施工中使用的水泥砂浆还会大大增加地面荷载，给楼体安全带来隐患。

任务内容

以教师发布的拟建建筑施工图纸为背景，确定装饰工程施工顺序，合理选择施工方法及施工机械，编制装饰工程施工方案。

装饰工程平面上一般不分段，立面上分段，通常把一个结构楼层作为一个施工段。室外装饰只划分为一个施工过程，采用自上而下的流向组织施工。室内装饰一般划分为楼地面施工、顶棚及内墙抹灰（内抹灰）、门窗扇的安装、涂料工程4个施工过程。

任务成果

根据任务要求，完成装饰工程施工方案，以电子版和打印版形式提交成果。

装饰工程施工方案大纲

1. 装饰工程概况、施工安排

2. 装饰工程施工进度计划、施工准备与资源配置计划

3.装饰工程施工方法及工艺要求、施工机械配置

要求:完成装饰工程施工方案编制任务,步骤齐全,计算准确,图表清晰。

任务考核

自我分析及评价

成果评价表

职业能力评价	标准分	自我评价	小组评价	组间评价	教师评价
装饰工程施工方案编制	70				
装饰工程施工机械选择	30				

个人表现及加分理由：

项目3

单位工程施工进度计划的编制

学习目标

学生通过对拟建单位工程施工进度计划的编制，在指导教师的引导下，根据拟定的施工方案等建筑工程资料，能够完成单位工程施工过程的划分、横道图的绘制和网络进度计划的绘制。

任务设计

编号	任务名称	学时	任务目标	支撑知识	训练方式	提交成果
3.1	施工过程划分	1	1.具备将拟建工程划分为若干个分部工程的能力； 2.具备根据施工工艺要求、工程量、施工班组情况将分部工程划分为若干个分项工程（施工过程）的能力	掌握分部分项工程施工过程划分的原则	给定实际拟建工程，按照施工过程划分原则，完成分部工程的划分	某建筑基础工程、主体结构工程、装饰工程、屋面与防水等分部工程施工过程划分
3.2	单位工程横道图绘制	2	1.具有根据施工图纸和施工现场条件，正确划分施工段，计算流水施工各项参数，组织流水施工的能力； 2.具备选择合适的流水施工方式，独立完成单位工程横道图和进度计划的能力	1.掌握三种施工组织方式； 2.掌握流水施工概念、特点，流水施工基本参数及其计算方法； 3.掌握流水施工的组织方法	给定实际拟建工程，利用 Project、Excel 等软件绘制横道图	某建筑工程流水施工组织设计及绘制横道图进度计划
3.3	单位工程网络计划绘制	1	1.具有根据施工图纸和各工作之间的逻辑关系，正确绘制双代号网络图的能力； 2.具备计算网络计划各项参数、确定关键线路的能力；	1.掌握双代号网络图基本组成要素及其表达方式； 2.掌握双代号网络图绘制原则和方法；	给定实际拟建工程，利用广联达、品茗等软件绘制双代号网络图	绘制某建筑工程双代号网络图及时标网络图并确定各时间参数及关键线路

续表

编号	任务名称	学时	任务目标	支撑知识	训练方式	提交成果
3.3	单位工程网络计划绘制	1	3.具备绘制时标网络图、判读时间参数、确定关键线路的能力	3.掌握双代号网络图时间参数计算和关键线路判定方法； 4.掌握时标网络图的绘制方法、时间参数的判定，以及关键线路的确定		

3.1 施工过程划分

能力目标

具备将拟建工程划分为若干个分部工程的能力。

具备根据施工工艺要求、工程量、施工班组情况将分部工程划分为若干个分项工程(施工过程)的能力。

课程思政

施工过程划分得是否合理，直接影响施工进度、施工质量、施工安全及施工成本。通过施工过程划分培养学生的责任意识，培养学生考虑问题要周全、要具有社会责任感、要顾全大局的意识；通过不同的方案比选，培养学生的敬业精神、一丝不苟的工作作风。学生通过基本技能实训、跟岗实习、顶岗实习，具备一定的工程实践经验；在划分施工过程的学习中，注重联系工程实际，培养理论联系实际的工作作风。

任务引入

合理组织施工的基本要求如下。

1. 施工过程的连续性

在施工过程中，各阶段、各施工区的人流、物流始终处于不停运动的状态，施工人员应避免不必要的停顿和等待现象，使流程尽可能短。

2. 施工过程的协调性

在施工过程中，基本施工过程和辅助施工过程之间、各道工序之间以及各种机械设备之间在生产能力上要保持适当数量和质量要求的协调(比例)关系。

3. 施工过程的均衡性

在工程施工的各个阶段,施工人员应力求保持相同的工作节奏,避免忙闲不均、前松后紧、突击加班等不正常现象。

4. 施工过程的平行性

各项施工活动在时间上实行平行交叉作业,尽可能加快速度,缩短工期。

5. 施工过程的适应性

在施工过程中,施工人员应对各项内部和外部因素引起的变动情况具有较强的应变能力。

任务内容

以指导教师发布的拟建工程图纸为背景,结合周边环境等工程实际进行分析,按照施工过程划分原则,合理划分基础工程、主体结构工程、屋面工程、装饰工程的施工过程。

建筑工程分部、子分部工程、分项工程划分表

分部工程	子分部工程		分项工程
地基与基础	1	地基	素土、灰土地基,砂和砂石地基,土工合成材料地基,粉煤灰地基,强夯地基,注浆地基,预压地基,砂石桩复合地基,高压旋喷注浆地基,水泥土搅拌桩地基,土和灰土挤密桩复合地基,水泥粉煤灰碎石桩复合地基,夯实水泥土桩复合地基
	2	基础	无筋扩展基础,钢筋混凝土扩展基础,筏形、箱形基础,钢结构基础,钢管混凝土结构基础,型钢混凝土结构基础,钢筋混凝土预制桩基础,泥浆护壁成孔灌注桩基础,干作业成孔桩基础,长螺旋钻孔压灌桩基础,沉管灌注桩基础,钢桩基础,锚杆静压桩基础,岩石锚杆基础,沉井、沉箱基础
	3	基坑支护	灌注桩排桩围护墙、板桩围护墙、咬合桩围护墙、型钢水泥土搅拌墙、土钉墙、地下连续墙、水泥土重力式挡墙、内支撑、锚杆、与主体结构相结合的基坑支护
	4	地下水控制	降水、排水,回灌
	5	土方	土方开挖、土方回填,场地平整
	6	边坡	喷锚支护、挡土墙、边坡开挖
	7	地下防水	主体结构防水、细部构造防水、特殊施工法结构防水,排水,注浆

续表

分部工程	子分部工程		分项工程
主体结构	1	混凝土结构	模板、钢筋、混凝土、预应力结构、现浇结构、装配式结构
	2	砌体结构	砖砌体、混凝土小型空心砌块砌体、石砌体、配筋砖砌体，填充墙砌体
	3	钢结构	钢结构焊接、紧固件连接、钢零部件加工、钢构件组装及预拼装、单层钢结构安装、多层及高层钢结构安装、钢管结构安装、预应力钢索和膜结构、压型金属板、防腐涂装涂装、防火涂料涂装
	4	钢管混凝土结构	构件现场拼装、构件安装、钢管焊接、构件连接、钢管内钢筋骨架、混凝土
	5	型钢混凝土结构	型钢焊接、紧固件连接、型钢与钢筋连接、型钢构件组装及预拼装、型钢安装、模板、混凝土
	6	铝合金结构	铝合金焊接、紧固件连接、铝合金零部件加工、铝合金构件组装、铝合金构件预拼装、铝合金框架结构安装、铝合金空间网格结构安装、铝合金面板安装、铝合金幕墙结构安装、防腐处理
	7	木结构	方木与原木结构、胶合木结构、轻型木结构、木结构的防护
建筑装饰装修	1	建筑地面	基层铺设，整体面层铺设，板块面层铺设，木、竹面层铺设
	2	抹灰	一般抹灰、保温层薄抹灰、装饰抹灰、清水砌体勾缝
	3	外墙防水	外墙砂浆防水、涂膜防水、透气膜防水
	4	门窗	木门窗安装、金属门窗安装、塑料门窗安装、特种门安装、门窗玻璃安装
	5	吊顶	整体面层吊顶、板块面层吊顶、格栅吊顶
	6	轻质隔墙	板材隔墙、骨架隔墙、活动隔墙、玻璃隔墙
	7	饰面板	石板安装、陶瓷板安装、木板安装、金属板安装、塑料板安装
	8	饰面砖	外墙饰面砖粘贴、内墙饰面砖粘贴
	9	幕墙	玻璃幕墙安装、金属幕墙安装、石材幕墙安装、陶板幕墙安装
	10	涂饰	水性涂料涂饰、溶剂型涂料涂饰、美术涂饰
	11	裱糊与软包	裱糊、软包
	12	细部	橱柜制作与安装、窗帘盒和窗台板制作与安装、门窗套制作与安装、护栏和扶手制作与安装、花饰制作与安装

续表

分部工程	子分部工程		分项工程
屋面	1	基层与保护	找坡层和找平层、隔汽层、隔离层、保护层
	2	保温与隔热	板状材料保温层、纤维材料保温层、喷涂硬泡聚氨酯保温层、现浇泡沫混凝土保温层、种植隔热层、架空隔热层、蓄水隔热层
	3	防水与密封	卷材防水层、涂膜防水层、复合防水层、接缝密封防水
	4	瓦面与板面	烧结瓦和混凝土瓦铺装、沥青瓦铺装、金属板铺装、玻璃采光顶铺装
	5	细部构造	檐口、檐沟和天沟、女儿墙和山墙、水落口、变形缝、伸出屋面管道、屋面出入口、反梁过水孔、设施基座、屋脊、屋顶窗
建筑给水排水及供暖	1	室内给水系统	给水管道及配件安装，给水设备安装，室内消火栓系统安装，消防喷淋系统安装，防腐，绝热，管道冲洗、消毒，试验与调试
	2	室内排水系统	排水管道及配件安装、雨水管道及配件安装、防腐、试验与调试
	3	室内热水供应系统	管道及配件安装、辅助设备安装、防腐、绝热、试验与调试
	4	卫生器具	卫生器具安装、卫生器具给水配件安装、卫生器具排水管道安装、试验与调试
	5	室内采暖系统	管道及配件安装、辅助设备安装、散热器安装、低温热水地板辐射供暖系统安装、电加热供暖系统安装、燃气红外辐射供暖系统安装、热风供暖系统安装、热计量及调控装置安装、试验与调试、防腐、绝热
	6	室外给水管网	给水管道安装、室外消火栓系统安装、试验与调试
	7	室外排水管网	排水管道安装、排水管沟与井池、试验与调试
	8	室外供热管网	管道及配件安装、系统水压试验、土建结构、防腐、绝热、试验与调试
	9	建筑饮水供应系统	管道及配件安装、水处理设备及控制设施安装、防腐、绝热、试验与调试
	10	建筑中水系统及雨水利用系统	建筑中水系统、雨水利用系统管道及配件安装，水处理设备及控制设施安装，防腐，绝热，试验与调试
	11	游泳池及公共浴池水系统	管道及配件系统安装、水处理设备及控制设施安装、防腐、绝热、试验与调试
	12	水景喷泉系统	管道系统及配件安装、防腐、绝热、试验与调试
	13	热源及辅助设备	锅炉安装、辅助设备及管道安装、安全附件安装、换热站安装、防腐、绝热、试验与调试
	14	监测与控制仪表	检测仪器及仪表安装、试验与调试

续表

分部工程	子分部工程		分项工程
通风与空调	1	送风系统	风管与配件制作，部件制作，风管系统安装，风机与空气处理设备安装，风管与设备防腐，旋流风口、岗位送风口、织物（布）风管安装，系统调试
	2	排风系统	风管与配件制作，部件制作风管系统安装，风机与空气处理设备安装，风管与设备防腐，吸风罩及其他空气处理设备安装，厨房、卫生间排风系统安装，系统调试
	3	防排烟系统	风管与配件制作，部件制作，风管系统安装，风机与空气处理设备安装，风管与设备防腐，排烟风阀口、常闭正压风口、防火风管安装，系统调试
	4	除尘系统	风管与配件制作、部件制作、风管系统安装、风机与空气处理设备安装、风管与设备防腐、除尘器与排污设备安装、吸尘罩安装、高温风管绝热、系统调试
	5	舒适性空调系统	风管与配件制作，部件制作，风管系统安装，风机与空气处理设备安装，风管与设备防腐，组合式空调机组安装，消声器、静电除尘器、换热器、紫外线灭菌器等设备安装，风机盘管、变风量与定风量送风装置、射流喷口等末端设备安装，风管与设备绝热，系统调试
	6	恒温恒湿空调系统	风管与配件制作，部件制作，风管系统安装，风机与空气处理设备安装，风管与设备防腐，组合式空调机组安装，电加热器、加湿器等设备安装，精密空调机组安装，风管与设备绝热，系统调试
	7	净化空调系统	风管与配件制作，部件制作，风管系统安装，风机与空气处理设备安装，风管与设备防腐，净化空调机组安装，消声器、静电除尘器、换热器、紫外线灭菌器等设备安装，中、高效过滤器及风机过滤器单元等末端设备清洗与安装，洁净度测试，风管与设备绝热，系统调试
	8	地下人防通风系统	风管与配件制作，部件制作，风管系统安装，风机与空气处理设备安装，风管与设备防腐，过滤吸收器、防爆波活门、防爆超压排气活门等专用设备安装，系统调试
	9	真空吸尘系统	风管与配件制作，部件制作，风管系统安装，风机与空气处理设备安装，风管与设备防腐，管道安装，快速接口安装，风机、滤尘设备安装，系统压力试验及调试
	10	冷凝水系统	管道系统及部件安装，水泵及附属设备安装，管道冲洗，管道、设备防腐，板式热交换器，辐射板及辐射供热、供冷地埋管，热泵机组设备安装，管道、设备绝热，系统压力试验及调试

续表

分部工程	子分部工程		分项工程
通风与空调	11	空调(冷、热)水系统	管道系统及部件安装,水泵及附属设备安装,管道冲洗,管道、设备防腐,冷却塔与水处理设备安装,防冻伴热设备安装,管道、设备绝热,系统压力试验及调试
	12	冷却水系统	管道系统及部件安装,水泵及附属设备安装,管道冲洗,管道、设备防腐,系统灌水渗漏及排放试验,管道、设备绝热
	13	土壤源热泵换热系统	管道系统及部件安装,水泵及附属设备安装,管道冲洗,管道、设备防腐,埋地换热系统与管网安装,管道、设备绝热,系统压力试验及调试
	14	水源热泵换热系统	管道系统及部件安装,水泵及附属设备安装,管道冲洗,管道、设备防腐,地表水源换热管及管网安装,除垢设备安装,管道、设备绝热,系统压力试验及调试
	15	蓄能系统	管道系统及部件安装,水泵及附属设备安装,管道冲洗,管道、设备防腐,蓄水罐、蓄冰槽、蓄冰罐安装,管道、设备绝热,系统压力试验及调试
	16	压缩式制冷(热)设备系统	制冷机组及附属设备安装,管道、设备防腐,制冷剂管道及部件安装,制冷剂灌注,管道、设备绝热,系统压力试验及调试
	17	吸收式制冷设备系统	制冷机组及附属设备安装,管道、设备防腐,系统真空试验,溴化锂溶液加灌,蒸汽管道系统安装,燃气或燃油设备安装,管道、设备绝热,试验及调试
	18	多联机(热泵)空调系统	室外机组安装,室内机组安装,制冷剂管路连接及控制开关安装,风管安装,冷凝水管道安装,制冷剂灌注,系统压力试验及调试
	19	太阳能供暖空调系统	太阳能集热器安装,其他辅助能源、换热设备安装,蓄能水箱、管道及配件安装,防腐,绝热,低温热水地板辐射采暖系统安装,系统压力试验及调试
	20	设备自控系统	温度、压力与流量传感器安装,执行机构安装调试,防排烟系统功能测试,自动控制及系统智能控制软件调试
建筑电气	1	室外电气	变压器、箱式变电所安装,成套配电柜、控制柜(屏、台)和动力、照明配电箱(盘)及控制柜安装,梯架、支架、托盘和槽盒安装,导管敷设,电缆敷设,管内穿线和槽盒内敷线,电缆头制作、导线连接和线路绝缘测试,普通灯具安装,专用灯具安装,建筑照明通电试运行,接地装置安装
	2	变配电室	变压器、箱式变电所安装,成套配电柜、控制柜(屏、台)和动力、照明配电箱(盘)安装,母线槽安装,梯架、支架、托盘和槽盒安装,电缆敷设,电缆头制作、导线连接和线路绝缘测试,接地装置安装,接地干线敷设

续表

分部工程	子分部工程		分项工程
建筑电气	3	供电干线	电气设备试验和试运行，母线槽安装，梯架、支架、托盘和槽盒安装，导管敷设，电缆敷设，管内穿线和槽盒内敷线，电缆头制作，导线连接和线路绝缘测试，接地干线敷设
	4	电气动力	成套配电柜、控制柜(屏、台)和动力配电箱(盘)安装，电动机、电加热器及电动执行机构检查接线，电气设备试验和试运行，梯架、支架、托盘和槽盒安装，导管敷设，电缆敷设，管内穿线和槽盒内敷线，电缆头制作、导线连接和线路绝缘测试
	5	电气照明	成套配电柜、控制柜(屏、台)和照明配电箱(盘)安装，梯架、支架、托盘和槽盒安装，导管敷设，管内穿线和槽盒内敷线，塑料护套线直敷布线，钢索配线，电缆头制作、导线连接和线路绝缘测试，普通灯具安装，专用灯具安装，开关、插座、风扇安装，建筑照明逾电试运行
	6	备用和不间断电源	成套配电柜、控制柜(屏、台)和动力、照明配电箱(盘)安装，柴油发电机组安装，不间断电源装置及应急电源装置安装，母线槽安装，导管敷设，电缆敷设，管内穿线和槽盒内敷线，电缆头制作、导线连接和线路绝缘测试，接地装置安装
	7	防雷及接地	接地装置安装，防雷引下线、接闪器安装，建筑物等电位连接，浪涌保护器安装
智能建筑	1	智能化集成系统	设备安装、软件安装、接口及系统调试、试运行
	2	信息接入系统	安装场地检查
	3	用户电话交换系统	线缆敷设、设备安装、软件安装、接口及系统调试、试运行
	4	信息网络系统	计算机网络设备安装、计算机网络软件安装、网络安全设备安装、网络安全软件安装、系统调试、试运行
	5	综合布线系统	梯架、托盘、槽盒和导管安装，线缆敷设，机柜、机架、配线架安装，信息插座安装，链路或信道测试，软件安装，系统调试，试运行
	6	移动通信室内信号覆盖系统	安装场地检查
	7	卫星通信系统	安装场地检查
	8	有线电视及卫星电视接收系统	梯架、托盘、槽盒和导管安装，线缆敷设，设备安装，软件安装，系统调试，试运行
	9	公共广播系统	梯架、托盘、槽盒和导管安装，线缆敷设，设备安装，软件安装，系统调试，试运行
	10	会议系统	梯架、托盘、槽盒和导管安装，线缆敷设，设备安装，软件安装，系统调试，试运行

续表

分部工程	子分部工程		分项工程
智能建筑	11	信息导引及发布系统	梯架、托盘、槽盒和导管安装，线缆敷设，显示设备安装，机房设备安装，软件安装，系统调试，试运行
	12	时钟系统	梯架、托盘、槽盒和导管安装，线缆敷设，设备安装，软件安装，系统调试，试运行
	13	信息化应用系统	梯架、托盘、槽盒和导管安装，线缆敷设，设备安装，软件安装，系统调试，试运行
	14	建筑设备监控系统	梯架、托盘、槽盒和导管安装，线缆敷设，传感器安装，执行器安装，控制器、箱安装中央管理工作站和操作分站设备安装，软件安装，系统调试，试运行
	15	火灾自动报警系统	梯架、托盘、槽盒和导管安装，线缆敷设，探测器类设备安装，控制器类设备安装，其他设备安装，软件安装，系统调试，试运行
	16	安全技术防范系统	梯架、托盘、槽盒和导管安装，线缆敷设，设备安装，软件安装，系统调试，试运行
	17	应急响应系统	设备安装、软件安装、系统调试、试运行
	18	机房	供配电系统，防雷与接地系统，空气调节系统，给水、排水系统，综合布线系统，监控与安全防范系统，消防系统，室内装饰装修，电磁屏蔽，系统调试，试运行
	19	防雷与接地	接地装置、接地线、等电位连接、屏蔽设施、电涌保护器、线缆敷设、系统调试、试运行
建筑节能	1	围护系统节能	墙体节能、幕墙节能、门窗节能、屋面节能、地面节能
	2	供暖空调设备及管网节能	供暖节能、通风与空调设备节能、空调与供暖系统冷热源节能、空调与供暖系统管网节能
	3	电气动力节能	配电节能、照明节能
	4	监控系统节能	监测系统节能、控制系统节能
	5	可再生能源	地源热泵系统节能、太阳能光热系统节能、太阳能光伏节能
电梯	1	电力驱动的曳引式或强制式电梯	设备进场验收、土建交接检验、驱动主机、导轨、门系统、轿厢、对重、安全部件、悬挂装置、随行电缆、补偿装置、电气装置、整机安装验收
	2	液压电梯	设备进场验收、土建交接检验、液压系统、导轨、门系统、轿厢、对重、安全部件、悬挂装置、随行电缆、电气装置、整机安装验收
	3	自动扶梯、自动人行道	设备进场验收、土建交接检验、整机安装验收

续表

分部工程	子分部工程		分项工程
室外设施	1	道路	路基、基层、面层、广场与停车场、人行道、人行地道、挡土墙、附属构筑物
	2	边坡	土石方、挡土墙、支护
附属建筑及室外环境	1	附属建筑	车棚、围墙、大门、挡土墙
	2	室外环境	建筑小品、亭台、水景、连廊、花坛、场坪绿化、景观桥

任务成果

根据任务要求，完成给定拟建建筑的基础工程、主体结构工程、屋面工程、装饰工程四个分部工程的施工过程划分表，以电子版和打印版形式提交成果。

施工过程划分表

序号	分部工程	施工过程划分
1	基础工程	
2	主体结构工程	
3	屋面工程	

续表

序号	分部工程	施工过程划分
4	装饰工程	

任务考核

自我分析及评价

成果评价表

职业能力评价	标准分	自我评价	小组评价	组间评价	教师评价
基础工程施工过程划分	25				
主体结构工程施工过程划分	30				
屋面工程施工过程划分	20				
装饰工程施工过程划分	25				

个人表现及加分理由：

3.2 单位工程横道图绘制

能力目标

具备根据施工图纸和施工现场条件,合理划分施工段,计算流水施工各项参数,组织流水施工的能力。

具备选择合适的流水施工方式,独立完成单位工程横道图和进度计划的能力。

掌握流水施工的概念、特点,流水施工的基本参数及其计算方法。

掌握流水施工的组织方法。

课程思政

2019 年疫情期间,全国人民一起在网上观看武汉两座医院的建造过程。火神山医院的总建筑面积为 3.39 万平方米,有 1000 张床位,工期为 10 天;雷神山医院的总建筑面积为 7.99 万平方米,有 1600 张床位,工期为 12 天。

两座医院建设期间的参建人员:管理人员 4000 余名,作业人员 34000 余名。两座医院共投入各类大型机械设备 3500 台套。

极限工期背后的精神如下:

①体现了我们无可比拟的政治优势,万众一心,汇聚中国力量;

②展现了建筑行业先进的管理水平,匠心精研,创造中国速度;

③上千道工序,几万工人交叉施工,不断创新,成就中国奇迹;

④高标准严要求,多专业协同作业,勇担使命,诠释中国精神。

令人惊叹的中国速度背后,是无数工程建设者的辛苦付出。如何在保证安全、质量的前提下安排好极限工期,对抗击疫情至关重要。

任务引入

某办公楼工程,地下 1 层,地上 10 层,为现浇钢筋混凝土框架结构、预应力管桩基础。建设单位与施工总承包单位签订了施工总承包合同,合同工期为 29 个月。按合同约定,施工总承包单位将预应力管桩工程分包给符合资质要求的专业分包单位。施工总承包单位提交的施工总进度计划得到了监理工程师的审查和确认。

在 H 工作开始前,为了缩短工期,施工总承包单位将原施工方案中 H 工作的异节奏流水施工调整为成倍节拍流水施工。H 工作的异节奏流水施工横道图如下图所示。

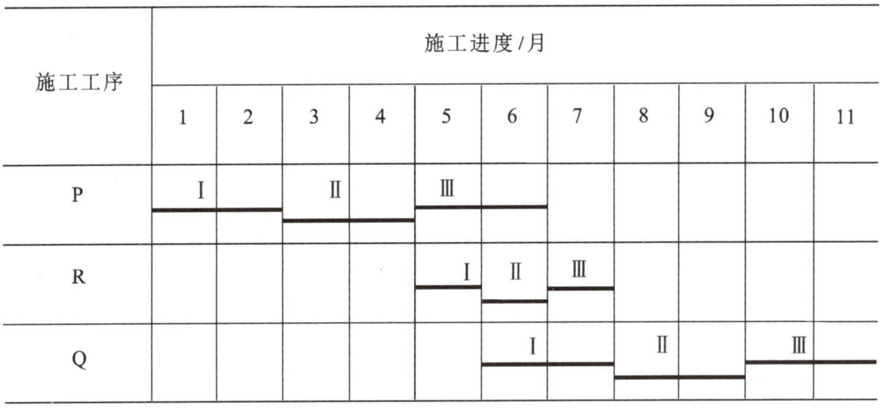

H 工作异节奏流水施工横道图

流水施工调整后，H 工作相邻工序的流水步距为多少个月，工期可缩短多少个月？按照上图格式绘制出调整后 H 工作的施工横道图。

任务内容

以教师发布的拟建建筑施工图纸为背景，计算分部分项工程量及施工条件，划分主要施工过程，根据前一阶段编制的施工方案及定额资料，计算施工过程的持续时间，分析施工过程的逻辑关系，绘制施工横道图。

任务成果

根据任务要求，计算主体结构工程量及持续时间，利用 Project 或 Excel 软件完成单位工程施工横道图的绘制，以电子版和打印版形式提交成果。

主体结构工程量及持续时间计算样表

项目名称		时间定额	一层		二层		三层		四层		五层		……	
			工程量	工日	工程量	工日	工程量	工日	工程量	工日	工程量	工日		
现浇柱	支模板	0.083 工日/m^2	645.5 m^2		423.5 m^2		423.5 m^2		423.5 m^2		423.5 m^2			
	绑扎钢筋	2.38 工日/t	12.8 t		9.8 t		9.8 t		9.8 t		9.8 t			
	浇筑混凝土	1.47 工日/m^3	93.5 m^3		75.6 m^3		75.6 m^3		75.6 m^3		75.6 m^3			
现浇梁板	支模板	0.07 工日/m^2	1134 m^2		928 m^2		928 m^2		928 m^2		928 m^2			
	绑扎钢筋	3.00 工日/t	20.7 t		18.4 t		18.4 t		18.4 t		18.4 t			
	浇筑混凝土	0.78 工日/m^3	215.4 m^3		154.7 m^3		154.7 m^3		154.7 m^3		154.7 m^3			

续表

项目名称		时间定额	一层		二层		三层		四层		五层		……	
			工程量	工日	工程量	工日	工程量	工日	工程量	工日	工程量	工日		
现浇楼梯	支模板	0.146 工日/m^2	41.5 m^2		38.8 m^2		38.8 m^2		38.8 m^2		38.8 m^2			
	绑扎钢筋	5.56 工日/t	0.87 t		0.56 t		0.56 t		0.56 t		0.56 t			
	浇筑混凝土	2.212 工日/m^3	9.5 m^3		8.4 m^3		8.4 m^3		8.4 m^3		8.4 m^3			

任务考核

自我分析及评价

成果评价表

职业能力评价	标准分	自我评价	小组评价	组间评价	教师评价
工程量及持续时间计算	40				
横道图绘制	60				

个人表现及加分理由：

3.3 单位工程网络计划绘制

能力目标

具备根据施工图纸和各工作之间的逻辑关系正确绘制双代号网络图的能力。

具备计算网络计划各项参数、确定关键线路的能力。

具备绘制时标网络图、判读时间参数和确定关键线路的能力。

课程思政

通过网络图绘制培养严谨认真、团结协作的工匠精神;通过正确计算网络计划各项参数培养脚踏实地、不畏困难的学习态度;通过确定网络计划关键线路培养集成、创新的专业精神;通过优化网络计划方案,追求工期最短、费用最低、资源使用最均衡、质量最优的过程培养科学的辩证思维,激发专业探究、专业创新的精神。

任务引入

某建设工程,建筑面积为 3.8 万平方米,地下 1 层,地上 16 层。施工单位与建设单位签订了施工总承包合同,合同工期为 600 d。合同约定,工期每提前(或拖后)1 d,奖励(或罚款)1 万元。

施工单位将屋面和设备安装两项工程的劳务进行了分包,分包合同约定,若造成施工单位关键工作的工期延误,每延误 1 d,分包方应赔偿损失 1 万元。主体结构混凝土施工使用的大模板采用租赁方式,租赁合同约定,大模板到货每延误 1 d,供货方赔偿 1 万元。施工单位提交了施工网络计划并得到了监理单位和建设单位的批准。

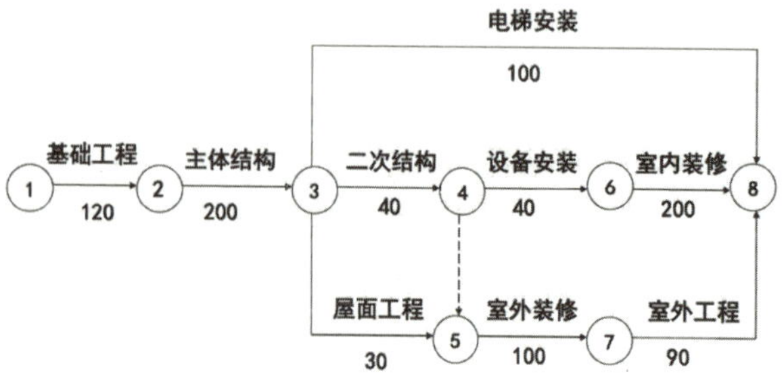

网络计划示意图

施工过程中发生了以下事件。

事件一:底板防水工程施工时,特大暴雨突发洪水造成基础工程施工工期延长 5 d,人工窝工和施工机械闲置造成施工单位的直接经济损失为 10 万元。

事件二：主体结构施工时，大模板未能按期到货，施工单位主体结构施工工期延长 10 d，直接经济损失为 20 万元。

事件三：屋面工程施工时，施工单位的劳务分包方不服从指挥，造成施工单位返工，使屋面工程施工工期延长 3 d，直接经济损失为 0.8 万元。

问题：

(1)用文字或符号标出该网络计划的关键线路。

(2)指出施工单位向建设单位索赔成立的事件，并分别说明索赔内容和理由。

(3)分别指出施工单位可以向大模板供货方和屋面工程劳务分包方索赔的内容和理由。

(4)该工程实际总工期为多少天？施工单位可得到建设单位的工期补偿为多少天、工期奖(罚)款是多少万元？

(5)施工单位可得到各劳务分包方和大模板供货方的费用赔偿是多少万元？

(6)如果只有室内装修工程有条件压缩工期，在发生以上事件的条件下，为了能最大限度地获得建设单位的工期奖，室内装修工程工期至少应压缩多少天？

任务内容

以教师发布的拟建建筑施工图纸及施工条件为背景，根据计算的施工过程持续时间，分析施工过程的逻辑关系，绘制双代号网络图、时标网络图，并进行工期优化。

任务成果

根据任务要求，利用广联达软件或品茗软件完成单位工程双代号网络图、时标网络图的绘制，以电子版和打印版形式提交成果。

任务考核

自我分析及评价

成果评价表

职业能力评价	标准分	自我评价	小组评价	组间评价	教师评价
双代号网络图	60				
工期优化	40				

个人表现及加分理由：

项目4

施工资源计划编制

学习目标

学生通过对拟建建筑工程资源需求计划的学习及训练，在指导教师的引导下，根据拟建建筑工程资料编制施工资源计划，熟练运用软件绘制资源曲线。

任务设计

编号	任务名称	学时	任务目标	支撑知识	训练方式	提交成果
4.1	劳动力需要量计划	0.5	具备根据工程实际情况、工程特点和施工进度计划要求，确定各施工阶段的劳动力需要量计划，组织劳务队伍进驻现场，进行进场前教育，确保特殊工种持证上岗的能力	1.掌握施工劳动力种类、劳动量定额查询； 2.掌握劳动力数量的计算及劳动力动态曲线图绘制	给定实际拟建工程，计算各个施工阶段不同工种需求	各施工阶段不同工种需要量表
4.2	施工机械、施工机具需要量计划	0.5	具备根据工程实际情况、施工进度计划要求，确定各施工阶段的施工机械、施工机具需要量计划，并组织施工机械、施工机具进场的能力	1.掌握施工机械种类、劳动量定额查询； 2.掌握施工机械的计算方法及动态曲线图绘制	给定实际拟建工程，计算各施工阶段不同施工机械、施工机具需求	各施工阶段不同机械、设备、仪器等需要量表
4.3	主要材料、构件需要量计划	0.5	具备根据工程实际情况、施工进度计划要求，确定各施工阶段的主要材料、构件需要量计划，并组织材料、构件进场的能力	掌握各施工阶段主要材料、构件的种类、定额查询	给定实际拟建工程，计算各施工阶段主要材料、构件需求	各施工阶段主要材料、构件需要量表

4.1 劳动力需要量计划

能力目标

具备根据工程实际情况、工程特点和施工进度计划要求，确定各施工阶段的劳动力需要量计划，组织劳务队伍进驻现场，进行进场前教育的能力。

具备根据实际情况及时调整计划、发现劳动力不足时及时补充的能力。

课程思政

通过对技术工人进行技术、安全、思想和法制教育，指导学生树立“安全第一、质量第一”的正确思想，遵守有关施工和安全的技术法规。在建筑工业化的推进和发展过程中，专业技术工人是支撑中国建造、中国创造、中国智造的重要基础，是未来活跃在建筑领域的专业技术人员和新时代大国工匠。教师要鼓励学生树立成为大国工匠的目标。

任务引入

建筑工程由“人、机、料、法、环”五大施工要素组成。劳动力是建筑工程五大施工要素中的最基本的要素，其合理投入、动态管理是保证施工进度的关键因素。劳动力的投入量必须与工程量、工期要求以及各工序、各工种不同的作业特点相适应，还应根据主导工序的进度情况及时调整，确保关键工序的正常进行。施工单位要根据工序穿插情况、工艺难易程度以及劳动力强度等因素合理投入与搭配相应的施工人员。

制订劳动力计划时，施工单位要充分考虑到劳动力的优化配置、动态调控和成本要求；在劳动力计划实施的过程中，施工单位要根据施工进度计划的实际要求，及时进行劳动力的补充和调整，保证工程顺利进行。

任务内容

根据教师发布的拟建工程的实际情况、工程特点和制订的施工进度计划要求，确定基础工程、主体结构工程、屋面及防水工程、装饰工程等施工阶段的劳动力需要量计划。

任务成果

根据任务要求，编制基础工程施工阶段、主体结构工程施工阶段、屋面及防水工程施工阶段、装饰工程施工阶段的劳动力需要量计划表，绘制动态曲线图，以电子版和打印版形式提交成果。

劳动力需要量计划表

施工阶段	专业工种	劳动量/工日	需要量计划/工日													备注
			年度						年度							
			1	2	3	4	5	……	1	2	3	4	5	6	……	
基础工程施工阶段																
主体结构工程施工阶段																
屋面及防水工程施工阶段																
装饰工程施工阶段																

任务考核

自我分析及评价

成果评价表

职业能力评价	标准分	自我评价	小组评价	组间评价	教师评价
各施工阶段专业工种	20				
各施工阶段专业工种人数	40				
各施工阶段专业工种需求曲线	40				

个人表现及加分理由：

4.2 施工机械、施工机具需要量计划

能力目标

具备根据工程实际情况、工程特点和施工进度计划要求，确定各施工阶段的施工机械、施工机具需要量计划，并组织施工机械、施工机具进场的能力。

具备根据实际情况及时调整计划，发现施工机械、施工机具不能满足施工时及时补充的能力。

课程思政

通过合理选择施工机械、施工机具，让学生了解我国已成为世界机械制造大国，了解发达国家已研发出实现运行状态全参数监控与故障诊断智能化的智能型塔机，并已经开始批量生产，而我国目前还是空白。建筑行业人才要具有开拓精神，要敢于冒风险，勤尝试，去研发。

任务引入

火神山医院10天建成，靠中国速度背后的工程机械。2020年2月2日，可容纳1000张床位的火神山医院正式落成。总建筑面积3.4万平方米的火神山医院，用于收治新型冠状病毒肺炎患者。从火神山医院建设中体现的中国速度，更被世界人民所称赞。

国家有难，义不容辞。在这场全民抗“疫”之中，我国工程机械企业勇于担当，不计报酬地组织当地企业，召集可使用的设备以及机手随时待命，积极投身援建火神山医院、雷神山医院的工程。危急时刻，民族企业能担当民族大任、挺起民族脊梁。在本次紧急援建工程中，国产工程机械品牌发挥了前所未有的力量，承担起绝大部分的施工任务，用名副其实的中国制造打造令人惊叹的中国速度。

任务内容

根据教师发布的拟建工程的实际情况、工程特点和制订的施工进度计划要求，确定基础工程、主体结构工程、屋面及防水工程、装饰工程等施工阶段的主要施工机械、施工机具需要量计划。

任务成果

根据任务要求，编制基础工程施工阶段、主体结构工程施工阶段、屋面及防水工程施工阶段、装饰工程施工阶段的施工机械、施工机具需要量计划表，以电子版和打印版形式提交成果。

施工机械、设备需要量计划主要指施工用大型机械设备、中小型施工工具等的需要量计划。

施工机械、设备需要量计划

施工阶段	机械名称	型号	规格	电功率/kW	需要量/台	使用时间	备注
基础工程施工阶段							
主体结构工程施工阶段							
屋面及防水工程施工阶段							
装饰工程施工阶段							

测量装置需要量计划主要指本工程定位测量放线用的计量设备、现场试验用的计量装置、质量检测设备、安全检测设备、进场材料计量用的设备等的需要量计划。

测量装置需要量计划

施工阶段	测量装置名称	分类	数量	使用特征	使用时间	保管人
基础工程施工阶段						
主体结构工程施工阶段						
屋面及防水工程施工阶段						
装饰工程施工阶段						

任务考核

自我分析及评价

成果评价表

职业能力评价	标准分	自我评价	小组评价	组间评价	教师评价
施工机械、设备需要量计划	50				
测量装置需要量计划	50				

个人表现及加分理由：

4.3 主要材料、构件需要量计划

能力目标

具备根据工程实际情况、工程特点和施工进度计划要求，确定各施工阶段的主要材料、构件需要量计划，并组织材料、构件进场的能力。

具备按进度计划组织、投入主要材料，根据实际情况及时调整材料供应计划的能力。

课程思政

通过火神山医院工程的资源供应，感受祖国的强大；分工协作完成任务，培养严谨认真、团结协作的专业精神，养成积极的职业态度。

10天完工的火神山医院工程的材料供应链管理特点如下。

1. 严密计划

为了在规定时间内保质保量地完成医院建设，严密的建设计划是关键。物资供应计划和施工计划必须严丝合缝，不容有差。缺工待料形成窝工会对工期形成不可估量的影响。

2. 紧急采购

在紧急采购中，拥有的资源越多，完成采购任务的可能性越大。所有参与建设的企业都高度服从建设需要，做到有什么给什么，且第一时间送到，大大节省了采购时间。

无数企业的迅速驰援犹如雪中送炭。1月24日下午4点，新兴铸管股份有限公司接到火神山医院项目的输水管道订单后，在晚上11点就将108种管件配备齐全、装车待发，25日早晨7点就将管件送至施工现场。中建商品混凝土有限公司源源不断地为火神山医院项目供应混凝土近8000 m^3，保证泵车不停摆、混凝土不断档。

3. 物资运输

中国各大物流巨头联合开通国内及全球绿色通道，免费从海内外各地为武汉运输救援物资。

4. 组织能力

调动如此庞大的人力、物力，需要超强的质量控制、工程管理、组织协调能力，各参与方紧密联系、无缝共享信息、不计成本、与时间赛跑，完成国家交代的任务。

在非常状态下，总承包单位组织人员负责后勤补给、材料供应、质量控制、工序衔接；各施工组团互不影响，形成一套严格科学的内部管理和组织的标准控制流程。

任务引入

ABC库存分类法。ABC库存分类法就是以库存物资单个品种的库存资金占整个库存资金的累计百分数为基础进行分级，按级别实行分级管理。

累计百分数为0%～75%的材料为A类材料，即主要材料，应进行重点管理，要严格控制订货量，尽量减小库存。把这类材料控制好，能对节约资金起到重要作用。

累计百分数为75%～95%的材料为B类材料，即次要材料，应认真管理，定期检查，控制其库存，按经济批量订购。

累计百分数为95%～100%的材料为C类材料，即一般材料，按照常规方法适当加强管理，稍加控制即可。

任务内容

根据教师发布的拟建工程的实际情况、工程特点和制订的施工进度计划要求，确定基础工程、主体结构工程、屋面及防水工程、装饰工程等施工阶段的主要材料、构件需要量计划。

任务成果

根据任务要求，编制基础工程施工阶段、主体结构工程施工阶段、屋面及防水工程施工阶段、装饰工程施工阶段的主要材料、构件需要量计划表，以电子版和打印版形式提交成果。

1. 原材料需要量计划

原材料需要量计划主要指工程用水泥、钢筋、砂、石子、砖、石灰、防水材料等主要材料的需要量计划。

原材料需要量计划

施工阶段	材料名称	规格	需要量		需要时间									备注
			单位	数量	___月			___月			___月			
					1	2	3	1	2	3	1	2	3	
基础工程施工阶段														
主体结构工程施工阶段														
屋面及防水工程施工阶段														
装饰工程施工阶段														

2. 成品、半成品需要量计划

成品、半成品需要量计划主要指混凝土预制构件、钢结构、门窗构件等成品、半成品的需要量计划。

成品、半成品需要量计划

施工阶段	成品、半成品名称	规格	需要量		需要时间									备注
			单位	数量	____月			____月			____月			
					1	2	3	1	2	3	1	2	3	
基础工程施工阶段														
主体结构工程施工阶段														
屋面及防水工程施工阶段														
装饰工程施工阶段														

任务考核

自我分析及评价

成果评价表

职业能力评价	标准分	自我评价	小组评价	组间评价	教师评价
原材料需要量计划	50				
成品、半成品需要量计划	50				

个人表现及加分理由：

项目5

施工平面图设计

学习目标

学生通过对拟建建筑工程施工平面图设计的学习及训练，在指导教师的引导下，根据拟建建筑工程资料，能够科学合理地设计单位工程施工平面图，准确地计算施工现场临时用水、临时用电。

任务设计

编号	任务名称	学时	任务目标	支撑知识	训练方式	提交成果
5.1	单位工程施工平面图设计	2	具备根据拟建建筑，结合施工现场具体环境，独立完成单位工程施工平面图设计的能力	1.掌握单位工程施工平面图设计原则； 2.掌握单位工程施工平面图设计的设计步骤、设计内容、设计方法	给定实际拟建工程，科学合理地设计施工平面图	某建筑施工平面图
5.2	临时供水计算	1	具备针对拟建建筑，独立完成临时供水计算的能力	1.掌握施工现场临时供水计算； 2.掌握现场临时供水管网的布置	给定实际拟建工程，按实际计算施工现场临时用水，并进行管网布置	某建筑施工现场临时用水计算书及管网布置图
5.3	临时供电计算	1	具备针对拟建建筑，独立完成临时供电计算的能力	1.掌握施工现场临时供电计算； 2.掌握现场临时供电系统的布置	给定实际拟建工程，按实际计算施工现场临时供电，并进行供电系统布置	某建筑施工现场临时用电计算书及供电系统布置图

5.1 单位工程施工平面图设计

能力目标

具备根据工地现场实际条件布置施工现场平面图的各项内容的能力。

具备独立绘制不同阶段的施工平面布置，注重节省施工用地、合理布置、便于施工管理的能力。

具备三维场地建模的能力。

课程思政

通过观看案例及任务实操，提升以人为本的工程伦理意识；培养学生爱岗敬业、勇于创新的工匠精神和协作共进的团队精神；培养学生懂技术、会创新和智能劳动专业劳动素养；树立学生的安全责任意识、规范意识、创新意识；培养学生与时俱进的精神；培养学生建筑工程信息化应用的能力；帮助学生树立可持续发展绿色理念。

任务引入

施工平面图按照规定的图例进行绘制，一般为 1∶200 或 1∶500。

1. 布置内容

布置内容包括以下几点：

① 已建、拟建工程；

② 垂直运输机械；

③ 临时设施；

④项目部办公区；

⑤ 职工生活区；

⑥生产区的各种生产设施；

⑦测量轴线及定位线标志；

⑧施工现场周围环境；

⑨安全和消防设施；

⑩图例、方向、风向标记。

2. 布置原则

布置原则包括以下几点：

①在保证施工顺利进行的前提下，现场布置力求紧凑，以节约土地；

②合理布置施工现场的运输道路及各种材料堆场、加工厂、仓库、机具的位置，尽量使运距最短，减少或避免二次搬运；

③充分利用原有或拟建房屋、道路，力争减少临时设施的数量，降低临时设施费用；

④临时设施的布置，尽量便利工人的生产和生活，使工人到施工区距离最近，往返时间最少；

⑤符合环保、安全和防火要求。

3.布置步骤

1)垂直运输机械位置的确定

垂直运输机械的位置直接影响仓库、搅拌站、材料堆场、半成品堆场、预制构件堆放位置、场内临时道路、临时用水及临时用电管网的布置等。因此，垂直运输机械布置是施工平面布置的核心，必须优先考虑。各种垂直运输机械的性能不同，机械布置的位置也不同。总体来讲，垂直运输机械布置主要是根据建筑物的平面形状和大小、施工段划分情况、材料来向、运输道路和吊装工艺等确定机械位置及机械性能。常用的垂直运输机械有塔式起重机(固定式、有轨式)、施工电梯、物料提升机、自行式起重机(轮胎式起重机、履带式起重机、汽车式起重机)、汽车泵、地泵等。

2)临时设施的布置

临时设施分为生产区生产性临时设施(如钢筋加工棚、木工棚、配电房、工具间、材料仓库、维修间、材料及构件堆场等)、项目部办公区办公性临时设施(如办公室、会议室、农民工学校、食堂、卫生间等)和职工生活区生活性临时设施(如职工宿舍、食堂、小卖部、浴室、开水房、卫生间、文娱室等)。临时设施的布置原则是使用方便、有利施工、合并搭建、安全防火，一般应按以下方法布置。

(1)生产区生产性临时设施宜布置在拟建建筑物四周、基坑边坡安全距离以外的地方。地下土方回填完成后，材料、构件的堆放场地可以靠近在建建筑物布置，并布置在垂直运输机械的回转半径范围之内，避免并减少场内二次搬运。

(2)项目部办公区办公性临时设施应靠近施工现场，并宜设在工地入口处，条件许可的情况下可与职工生活区生活性临时设施分开设置。

(3)职工生活区生活性临时设施应布置在相对安全、安静的上风向一侧，减少施工对工人休息的影响。职工生活区的食堂应设置隔油池，卫生间应设置化粪池，生活废水必须处理后方可排入城市污水管网。

(4)工地实行封闭式管理，设置硬质围挡进行封闭，合理设置出入口与外部道路连接，出入口处应设置大门和门卫室进行出入管理。

(5)出入口处应设置洗车台和沉淀池，污水经沉淀处理后方可排入城市污水管网。

3)临时道路的布置

现场运输的主要临时道路应尽可能利用永久性道路，或预先修建好规划的永久性道路的路基，在土建工程结束之前再铺筑路面。现场主要临时运输道路的布置应按照材料和构件运输的需要，沿着堆场和仓库进行布置并有足够的转弯半径。临时运输路线最好围绕建筑物与场外社会道路连接，保证行驶畅通，应在路端头设置车辆掉头场地。临时道路应设置成环形道路。为了满足构件运输车辆等重车行走的需要，路面应用混凝土进行硬化处理，路基应采用毛石、碎石、卵石等集料进行碾压处理。一般路面可以采用级配砾石路面，碎石、炉渣路面，路基应进行碾压处理。道路两侧应结合地形设置排水沟。

4)临时供水、供电设施的布置

现场临时供水包括生产用水、生活用水和消防用水等。通常，施工现场临时用水应尽量利用工程的永久性供水系统，以减少临时供水费用。若施工对象为高层建筑，必要时可增加高压泵以保证施工对水压的要求。临时供电的规划内容：计算用电总量、选择电源、确定变压器、确定导线截面面积并布置配电线路。现场临时供电多采用架空线路，塔吊回转半径内采用埋地电缆。

任务内容

以教师发布的拟建建筑施工图纸及施工条件为背景，根据施工阶段绘制基础阶段施工平面图、主体阶段结构施工平面图、装修阶段工程施工平面图等。

任务成果

根据任务要求，利用CAD、广联达软件或品茗软件完成基础工程施工阶段、主体工程施工阶段、装修阶段工程施工结算施工平面图、三维场布等的绘制，以电子版和打印版形式提交成果。

任务考核

自我分析及评价

成果评价表

职业能力评价	标准分	自我评价	小组评价	组间评价	教师评价
基础阶段施工平面图	30				
主体阶段结构施工平面图	40				
装修阶段工程施工平面图	30				

个人表现及加分理由：

5.2 临时供水计算

能力目标

具备针对拟建建筑，独立完成临时供水设计的能力。

具备现场临时用水计算的能力。

具备现场临时用水管网布设的能力。

课程思政

通过施工现场临时用水量计算、临时用水管网布设、非传统水源的水收集与综合利用，培养学生节水、节材的环保意识，精细化管理意识；培养高尚的道德情操、健全的人格、综合素质；培养严谨认真、团结协作的工匠精神；培养科学的辩证思维，激发专业探究、专业创新精神。

任务引入

《建设工程施工现场消防安全技术规范》(GB 50720—2011)对临时消防给水系统的规定如下。

(1)施工现场或其附近应设置稳定、可靠的水源，并应能满足施工现场临时消防用水的需要。

消防水源可采用市政给水管网或天然水源。当采用天然水源时，应采取确保冰冻季节、枯水期最低水位时顺利取水的措施，并应满足临时消防用水量的要求。

(2)临时消防用水量应为临时室外消防用水量与临时室内消防用水量之和。

(3)临时室外消防用水量应按临时用房和在建工程的临时室外消防用水量的较大者确定，施工现场火灾次数可按同时发生1次确定。

(4)临时用房建筑面积之和大于1000 m^2 或在建工程单体体积大于10 000 m^3 时，应设置临时室外消防给水系统。施工现场处于市政消火栓150 m保护范围内且市政消火栓的数量满足室外消防用水量要求时，可不设置临时室外消防给水系统。

(5) 临时用房的临时室外消防用水量不应小于下表中的数值。

临时用房的临时室外消防用水量

临时用房的面积之和	火灾延续时间/h	消火栓用水量/(L/s)	每支水枪最小流量/(L/s)
1000 m^2<面积≤5000 m^2	1	10	5
面积>5000 m^2	1	15	5

(6)在建工程的临时室外消防用水量不应小于下表中的数值。

在建工程的临时室外消防用水量

在建工程体积(单体)	火灾延续时间/h	消火栓用水量/(L/s)	每支水枪最小流量/(L/s)
10 000 m^3<体积≤30 000 m^3	1	15	5
体积>30 000 m^3	2	20	5

(7)施工现场临时室外消防给水系统的设置应符合下列规定。

①给水管网宜布置成环状。

②临时室外消防给水干管的管径,应根据施工现场临时消防用水量和干管内水流计算速度计算确定,不应小于 DN100。

③室外消火栓应沿在建工程、临时用房和可燃材料堆场及其加工场均匀布置,与在建工程、临时用房和可燃材料堆场及其加工场的外边线的距离不应小于 5 m。

④消火栓的间距不应大于 120 m。

⑤消火栓的最大保护半径不应大于 150 m。

(8)建筑高度大于 24 m 或单体体积超过 30 000 m^3 的在建工程应设置临时室内消防给水系统。

(9)在建工程的临时室内消防用水量不应小于下表中的数值。

在建工程的临时室内消防用水量

建筑高度、在建工程体积(单体)	火灾延续时间/h	消火栓用水量/(L/s)	每支水枪最小流量/(L/s)
24 m<建筑高度≤50 m 或 30 000 m^3<体积≤50 000 m^3	1	10	5
建筑高度>50 m 或体积≥50 000 m^3	1	15	5

(10)在建工程临时室内消防竖管的设置应符合下列规定。

①消防竖管的设置位置应便于消防人员操作,其数量不应少于 2 根;结构封顶时,消防竖管应设置成环状。

②消防竖管的管径应根据在建工程临时消防用水量、竖管内水流计算速度计算确定,不应小于 DN100。

(11)设置室内消防给水系统的在建工程,应设置消防水泵接合器。消防水泵接合器应设置在室外便于消防车取水的部位,与室外消火栓或消防水池取水口的距离宜为 15 m～40 m。

(12)设置临时室内消防给水系统的在建工程的结构层应设置室内消火栓接口及消防软管接口,并应符合下列规定。

①消火栓接口及软管接口应设置在位置明显且易于操作的部位。

②消火栓接口的前端应设置截止阀。

③消火栓接口或软管接口的间距，多层建筑不应大于 50 m，高层建筑不应大于 30 m。

(13)在建工程结构施工完毕的每层楼梯处应设置消防水枪、水带及软管，且每个设置点不应少于 2 套。

(14)高度超过 100 m 的在建工程，应在适当楼层增设临时中转水池及加压水泵。中转水池的有效容积不应小于 10 m^3，上、下两个中转水池的高差不宜超过 100 m。

(15)临时消防给水系统的给水压力应满足消防水枪充实水柱长度不小于 10 m 的要求；给水压力不能满足要求时，应设置消火栓泵，消火栓泵不应少于 2 台且应互为备用；消火栓泵宜设置自动启动装置。

(16)当外部消防水源不能满足施工现场的临时消防用水量要求时，应在施工现场设置临时贮水池。临时贮水池宜设置在便于消防车取水的部位，其有效体积不应小于施工现场火灾延续时间内一次灭火的全部消防用水量。

(17)施工现场临时消防给水系统应与施工现场生产、生活给水系统合并设置，但应设置将生产、生活用水转为消防用水的应急阀门。应急阀门不应超过 2 个，且应设置在易于操作的场所，并应设置明显标识。

(18)严寒和寒冷地区的现场临时消防给水系统应采取防冻措施。

任务内容

以教师发布的拟建建筑施工图纸及施工条件为背景，根据不同施工阶段分别计算生产用水量、生活用水量及消防用水量并进行临时用水管网布设。

任务成果

根据任务要求，通过分析施工现场实际情况，完成临时用水计算、供水管径选择及管网布设方式选择，以电子版和打印版形式提交成果。

施工现场临时用水计算书

1. 工程施工用水量

2. 施工机械用水量

3. 施工现场生活用水量

4. 生活区生活用水量

5. 消防用水量

6. 确定总用水量

7. 管径选择

8. 施工用水管网布设方式选择

任务考核

自我分析及评价

成果评价表

职业能力评价	标准分	自我评价	小组评价	组间评价	教师评价
生产用水计算	20				
生活用水计算	20				
消防用水计算	20				
管径选择	20				
管网布设方式选择	20				

个人表现及加分理由：

5.3 临时供电计算

能力目标

具备针对拟建建筑，独立完成临时供电计算的能力。

具备编制临时用电施工方案的能力。

课程思政

通过施工现场临时供电量计算、临时供电布设及临时用电安全隐患分析，使学生知道严格加强电气设备的安全防护等技术措施，按规范要求进行操作，防止触电事故的发生。培养学生的安全用电意识，精细化管理意识；培养学生的精益求精、爱岗敬业、一丝不苟、勇于创新的工匠精神；培养学生的规范意识、法制意识、节约意识、安全文明施工意识、绿色环保意识。

任务引入

《施工现场临时用电安全技术规范》(JGJ 46—2005)对临时用电的规定如下。

(1)施工现场临时用电设备在5台及以上或设备总容量在50 kW及以上时，应编制用电组织设计。

(2)施工现场临时用电组织设计应包括下列内容：

①现场勘测；

②确定电源进线、变电所或配电室、配电装置、用电设备位置及线路走向；

③进行负荷计算；

④选择变压器；

⑤设计配电系统，包括设计配电线路、选择导线或电缆，设计配电装置、选择电器，设计接地装置，绘制临时用电工程图纸(用电工程总平面图、配电装置布置图、配电系统接线图、接地装置设计图)；

⑥设计防雷装置；

⑦确定防护措施；

⑧制订安全用电措施和电气防火措施。

(3)临时用电工程图纸应单独绘制，临时用电工程应按图施工。

(4)临时用电组织设计及变更时，必须履行“编制、审核、批准”程序，由电气工程技术人员组织编制，经相关部门审核及具有法人资格企业的技术负责人批准后实施。变更用电组织设计时应补充有关图纸资料。

(5)临时用电工程必须经编制、审核、批准部门和使用单位共同验收，合格后方可投入使用。

(6)施工现场临时用电设备在5台以下和设备总容量在50 kW以下时，应制订安全用电和电气防火措施。

规范对电工及用电人员的管理规定如下。

(1) 电工必须按国家现行标准考核合格后，持证上岗工作；其他用电人员必须通过相关安全教育培训和技术交底，考核合格后方可上岗工作。

(2)安装、巡检、维修或拆除临时用电设备和线路，必须由电工完成，并应有人监护。电工等级应同工程的难易程度和技术复杂性相适应。

(3)各类用电人员应掌握安全用电基本知识和所用设备的性能，并应符合下列规定：

①使用电气设备前必须按规定穿戴和配备好相应的劳动防护用品，并应检查电气装置和保护设施，严禁设备带“缺陷”运转；

②保管和维护所用设备，发现问题及时报告解决；

③暂时停用设备的开关箱必须切断电源隔离开关，并应关门上锁；

④移动电气设备时，必须切断电源并做妥善处理。

任务内容

以教师发布的拟建建筑施工图纸及施工条件为背景，根据不同施工阶段分别计算照明用电量、动力用电量，选择导线截面并进行临时供电系统布设。

任务成果

根据任务要求，通过分析施工现场实际情况，完成临时用电量计算、导线截面选择及临时供电系统布设，以电子版和打印版形式提交成果。

任务考核

自我分析及评价

成果评价表

职业能力评价	标准分	自我评价	小组评价	组间评价	教师评价
临时供电设计计算	50				
临时供电系统布置	50				

个人表现及加分理由：

项目6

施工管理措施

学习目标

学生通过对拟建建筑工程施工进度、质量、成本、安全文明等内容的学习和训练，在指导教师的引导下，根据拟建建筑工程资料，能够科学合理地编制符合工程实际的施工进度保障措施，施工质量保障措施，施工成本保障措施，施工安全、现场消防和保卫制度及文明施工与环境保护方案，安全文明施工，打造优质工程。

任务设计

编号	任务名称	学时	任务目标	支撑知识	训练方式	提交成果
6.1	施工进度保障措施	0.5	具备根据实际工程，分析影响进度的因素，选择进度控制方法、调整方法，编制施工进度保障措施的能力	1. 掌握施工项目进度管理的原理、影响施工项目进度的因素及进度控制的任务； 2. 掌握进度控制方法的选择； 3. 掌握进度计划的调整方法和控制措施	给定实际拟建工程，编制施工进度保障措施	施工进度保障措施
6.2	施工质量保障措施	0.5	1. 具备施工质量事故预防和处理的能力； 2. 具备针对拟建建筑独立编制施工质量保障措施的能力	1. 掌握工程质量特性、影响质量的因素、工程质量特点及质量管理方法； 2. 掌握施工质量控制的过程； 3. 掌握施工质量事故预防与处理	给定实际拟建工程，编制施工质量保障措施	施工质量保障措施
6.3	施工成本保障措施	0.5	具备运用价值工程和赢得值法在成本控制中“找出偏差，分析原因”和“制订对策，纠正偏差”的能力	1. 掌握成本管理的任务与措施，会编制成本计划； 2. 掌握处理工程费用索赔及现场签证的相关问题	给定实际拟建工程，编制施工成本保障措施	施工成本保障措施

续表

编号	任务名称	学时	任务目标	支撑知识	训练方式	提交成果
6.4	施工安全、现场消防和保卫制度	0.5	1.具备危险源辨识和风险评价，制订安全管理计划并进行控制的能力； 2.具备针对拟建建筑制订现场消防方案和保卫制度的能力	1.掌握施工各阶段、部位和场所的危险源识别和风险分析； 2.掌握安全三级教育； 3.掌握施工现场安全消防规范要求	给定实际拟建工程，编制施工安全、现场消防和保卫制度	施工安全、现场消防和保卫制度
6.5	文明施工与环境保护措施	0.5	1.具备制订文明施工管理计划并组织实施的能力； 2.具备环境因素辨识和评价，制订环境保护计划并进行控制的能力	掌握文明施工检查评定保证项目和一般项目的要求	给定实际拟建工程，编制文明施工与环境保护措施	文明施工与环境保护措施

6.1 施工进度保障措施

能力目标

具备根据实际工程，分析影响进度因素，选择进度控制方法、调整方法的能力。

具备编制施工进度计划保障措施的能力。

课程思政

通过工程案例及任务实操，提升以人为本的工程伦理意识，培养学生的爱国主义情怀，专业自信，精益求精、爱岗敬业、勇于创新、与时俱进、终身学习的精神，信息化应用能力；培养学生的全局观和社会秩序观；培养学生严谨的时间观念和工作态度。

任务引入

《建设工程项目管理规范》(GB/T 50326—2017)对进度控制的规定如下。

(1)项目进度控制应遵循下列步骤：

①熟悉进度计划的目标、顺序、步骤、数量、时间和技术要求；

②实施跟踪检查，进行数据记录与统计；

③将实际数据与计划目标对照，分析计划执行情况；

④采取纠偏措施，确保各项计划目标实现。

(2)对勘察、设计、施工、试运行的协调管理，项目管理机构应确保进度工作界面的合理衔接，使协调工作符合提高效率和效益的需求。

(3)项目管理机构的进度控制过程应符合下列规定：

①将关键线路上的各项活动过程和主要影响因素作为项目进度控制的重点；

②对对项目进度有影响的相关方的活动进行跟踪协调。

(4)项目管理机构应按规定的统计周期，检查进度计划并保存相关记录。进度计划检查应包括下列内容：

①工作完成数量；

②工作时间的执行情况；

③工作顺序的执行情况；

④资源使用及其与进度计划的匹配情况；

⑤前次检查提出问题的整改情况。

(5)进度计划检查后，项目管理机构应编制进度管理报告并向相关方发布。

任务内容

以教师发布的拟建建筑施工图纸及施工条件为背景，根据横道图进度计划、网络进度计划，分析施工过程中可能影响进度的因素，选择合理的进度控制方法、调整方法，编制拟建工程施工进度保障措施。

任务成果

根据任务要求，编制施工进度保障措施，以电子版和打印版形式提交成果。

任务考核

自我分析及评价

成果评价表

职业能力评价	标准分	自我评价	小组评价	组间评价	教师评价
施工进度控制的组织措施	25				
施工进度控制的管理措施	25				
施工进度控制的经济措施	25				
施工进度控制的技术措施	25				

个人表现及加分理由：

6.2 施工质量保障措施

能力目标

具备根据工程实际分析影响工程施工质量的因素的能力。

具备按不同施工对象设置施工质量控制点的能力。

具备组织实施施工过程的质量检验的能力。

具备事前、事中和事后进行质量控制的能力,施工质量事故预防和处理的能力。

具备针对拟建建筑独立编制施工质量保障措施的能力。

课程思政

从质量管理与控制的工程案例出发,使学生初步形成质量意识、责任意识和遵章守规的职业意识;培养学生对照建设工程施工质量验收统一标准,应用建筑施工安全生产技术规范开展现场管理工作,进行施工质量与安全控制、工程质量验收、工程质量问题处理的能力;使学生具有崇高的爱国精神、敬业精神、时代责任心和历史使命感;激励学生勇于奋斗,把个人的理想追求融入国家和民族事业,把远大抱负落实到实际行动中。

任务引入

《建设工程项目管理规范》(GB/T 50326—2017)对质量计划的规定如下。

(1)组织应根据需求制订项目质量管理和质量管理绩效考核制度,配备质量管理资源。

(2)项目质量管理应坚持缺陷预防的原则,按照策划、实施、检查、处置的循环方式进行系统运作。

(3)项目管理机构应通过对人员、机具、材料、方法、环境要素的全过程管理,确保工程质量满足质量标准和相关方要求。

(4)项目质量管理应按下列程序实施:

①确定质量计划;

②实施质量控制;

③开展质量检查与处置;

④落实质量改进。

(5)项目质量计划应在项目管理策划过程中编制。项目质量计划作为对外质量保证和对内质量控制的依据,体现项目全过程质量管理要求。

(6)项目质量计划编制依据应包括下列内容:

①合同中有关产品质量要求;

②项目管理规划大纲;

③项目设计文件;

④相关法律法规和标准规范；
⑤质量管理其他要求。
(7)项目质量计划应包括下列内容：
①质量目标和质量要求；
②质量管理体系和管理职责；
③质量管理与协调的程序；
④法律法规和标准规范；
⑤质量控制点的设置与管理；
⑥项目生产要素的质量控制；
⑦实施质量目标和质量要求所采取的措施；
⑧项目质量文件管理。
(8)项目质量计划应报组织批准。项目质量计划需修改时，应按原批准程序报批。

任务内容

以教师发布的拟建建筑施工图纸及施工条件为背景，根据工程实际，分析施工过程中可能影响工程质量的因素，选择合理的质量控制方法，编制拟建工程施工质量保障措施。

任务成果

根据任务要求，编制施工质量保障措施，以电子版和打印版形式提交成果。

任务考核

自我分析及评价

成果评价表

职业能力评价	标准分	自我评价	小组评价	组间评价	教师评价
质量目标和质量要求	5				
质量管理体系和管理职责	15				
质量控制点的设置与管理	25				
项目生产要素的质量控制	25				
实施质量目标和质量要求所采取的措施	30				

个人表现及加分理由：

6.3 施工成本保障措施

能力目标

具备对施工成本进行控制的能力。

具备根据拟建建筑施工图纸合理选择方案并进行技术经济分析的能力。

具备运用价值工程和赢得值法在成本控制中“找出偏差，分析原因”和“制订对策，纠正偏差”的能力。

课程思政

结合建筑安装工程费用构成计算，加强学生的专业意识、社会责任感。学生应在计价过程中合理节约工程成本、有效进行安装工程造价控制，为创建节约型社会贡献一份力量。

任务引入

《建设工程项目管理规范》(GB/T 50326—2017)对成本管理的一般规定如下。

(1)组织应建立项目全面成本管理制度，明确职责分工和业务关系，把管理目标分解到各项技术和管理过程。

(2)项目成本管理应符合下列规定：

①组织管理层，应负责项目成本管理的决策，确定项目的成本控制重点、难点，确定项目成本目标，并对项目管理机构进行过程和结果的考核；

②项目管理机构，应负责项目成本管理，遵守组织管理层的决策，实现项目管理的成本目标。

(3)项目成本管理应遵循下列程序：

①掌握生产要素的价格信息；

②确定项目合同价；

③编制成本计划，确定成本实施目标；

④进行成本控制；

⑤进行项目过程成本分析；

⑥进行项目过程成本考核；

⑦编制项目成本报告；

⑧项目成本管理资料归档。

(4)项目管理机构成本控制应依据下列内容：

①合同文件；

②成本计划；

③进度报告；

④工程变更与索赔资料；
⑤各种资源的市场信息。
(5)项目成本控制应遵循下列程序：
①确定项目成本管理分层次目标；
②采集成本数据，监测成本形成过程；
③找出偏差，分析原因；
④制订对策，纠正偏差；
⑤调整改进成本管理方法。

任务内容

以教师发布的拟建建筑施工图纸及施工条件为背景，根据工程实际，分析施工过程中可能影响工程成本的因素，编制拟建工程施工成本保障措施。

任务成果

根据任务要求，编制施工成本保障措施，以电子版和打印版形式提交成果。

任务考核

自我分析及评价

成果评价表

职业能力评价	标准分	自我评价	小组评价	组间评价	教师评价
组织措施	25				
经济措施	25				
技术措施	25				
合同措施	25				

个人表现及加分理由：

6.4 施工安全、现场消防和保卫制度

能力目标

具备危险源辨识和风险评价，制订安全管理计划并进行控制的能力。

具备针对拟建建筑制订现场消防方案和保卫制度的能力。

课程思政

通过施工安全、现场消防和保卫制度的制订，使学生理解建筑工程施工过程中安全管理的重要性，使学生树立敬畏生命、以人为本、安全第一、预防为主的观念，同时提高学生对社会主义核心价值观的认同感，增强“四个自信”。

任务引入

1.《建设工程项目管理规范》(GB/T 50326—2017)对安全生产管理的规定

1)一般规定

(1)组织应建立安全生产管理制度，坚持以人为本、预防为主，确保项目处于本质安全状态。

(2)组织应根据有关要求确定安全生产管理方针和目标，建立项目安全生产责任制度，健全职业健康安全管理体系，改善安全生产条件，实施安全生产标准化建设。

(3)组织应建立专门的安全生产管理机构，配备合格的项目安全管理负责人和管理人员，进行教育培训，保证持证上岗。项目安全生产管理机构以及管理人员应当恪尽职守、依法履行职责。

(4)组织应按规定提供安全生产资源和安全文明施工费用，定期对安全生产状况进行评价，确定并实施项目安全生产管理计划，落实整改措施。

2)安全生产管理计划

(1)项目管理机构应根据合同的有关要求，确定项目安全生产管理范围和对象，制订项目安全生产管理计划，在实施中根据实际情况进行补充和调整。

(2)项目安全生产管理计划应满足事故预防的管理要求，并应符合下列规定：

①针对项目危险源和不利环境因素进行辨识与评估的结果，确定对策和控制方案；

②对危险性较大的分部分项工程编制专项施工方案；

③对分包人的项目安全生产管理、教育和培训提出要求；

④对项目安全生产交底、有关分包人制订的项目安全生产方案进行控制的措施；

⑤应急准备与救援预案。

(3)项目安全生产管理计划应按规定审核、批准后实施。

(4)项目管理机构应开展有关职业健康和安全生产方法的前瞻性分析，选用适宜、可靠

的安全技术，采取安全文明的生产方式。

(5)项目管理机构应明确相关过程的安全管理接口，进行勘察、设计、采购、施工、试运行过程安全生产的集成管理。

2.《建设工程施工现场消防安全技术规范》(GB 50720—2011)对防火管理的规定

(1)施工现场的消防安全管理应由施工单位负责。

实行施工总承包时，施工现场的消防安全管理应由总承包单位负责。分包单位应向总承包单位负责并应服从总承包单位的管理，同时应承担国家法律、法规规定的消防责任和义务。

(2)监理单位应对施工现场的消防安全管理实施监理。

(3)施工单位应根据建设项目规模、现场消防安全管理的重点，在施工现场建立消防安全管理组织机构及义务消防组织，确定消防安全负责人和消防安全管理人员，落实相关人员的消防安全管理责任。

(4)施工单位应针对施工现场可能导致火灾发生的施工作业及其他活动，制订消防安全管理制度。消防安全管理制度应包括下列主要内容：

①消防安全教育与培训制度；

②可燃及易燃易爆危险品管理制度；

③用火、用电、用气管理制度；

④消防安全检查制度；

⑤应急预案演练制度。

(5)施工单位应编制施工现场防火技术方案，并应根据现场情况变化及时进行修改、完善。防火技术方案应包括下列主要内容：

①施工现场重大火灾危险源辨识；

②施工现场防火技术措施；

③临时消防设施、临时疏散设施配备；

④临时消防设施和消防警示标识布置图。

(6)施工单位应编制施工现场灭火及应急疏散预案。灭火及应急疏散预案应包括下列主要内容：

①应急灭火处置机构及各级人员应急处置职责；

②报警、接警处置的程序和通信联络的方式；

③扑救初起火灾的程序和措施；

④应急疏散及救援的程序和措施。

(7)施工人员进场时，施工现场的消防安全管理人员应对施工人员进行消防安全教育和培训。消防安全教育和培训应包括下列内容：

①施工现场消防安全管理制度、防火技术方案、灭火及应急疏散预案的主要内容；

②施工现场临时消防设施的性能及使用、维护方法；

③扑灭初起火灾及自救逃生的知识和技能；

④报警、接警的程序和方法。

(8)施工作业前，施工现场的施工管理人员应向作业人员进行消防安全技术交底。消防安全技术交底应包括下列主要内容：

①施工过程中可能发生火灾的部位或环节；

②施工过程应采取的防火措施及应配备的临时消防设施；

③初起火灾的扑救方法及注意事项；

④逃生方法及路线。

(9) 施工过程中，施工现场的消防安全负责人应定期组织消防安全管理人员对施工现场的消防安全进行检查。消防安全检查应包括下列主要内容：

①可燃物及易燃易爆危险品的管理是否落实；

②动火作业的防火措施是否落实；

③用火、用电、用气是否存在违章操作，电、气焊及保温防水施工是否执行操作规程；

④临时消防设施是否完好、有效；

⑤临时消防车道及临时疏散设施是否畅通。

(10)施工单位应依据灭火及应急疏散预案，定期开展灭火及应急疏散的演练。

(11)施工单位应做好并保存施工现场消防安全管理的相关文件和记录，并应建立现场消防安全管理档案。

任务内容

以教师发布的拟建建筑施工图纸及施工条件为背景，根据工程实际，对施工过程进行危险源辨识和风险评价，制订安全管理计划，编制拟建工程现场消防和保卫制度。

任务成果

根据任务要求，编制施工现场消防和保卫制度，以电子版和打印版形式提交成果。

任务考核

自我分析及评价

成果评价表

职业能力评价	标准分	自我评价	小组评价	组间评价	教师评价
施工安全制度	35				
施工现场消防制度	35				
施工现场安全保卫制度	30				

个人表现及加分理由：

6.5 文明施工与环境保护措施

能力目标

具备制订文明施工管理计划并组织实施的能力。

具备环境因素辨识和评价，制订环境保护计划并进行控制的能力。

课程思政

通过文明施工与环境保护措施的制订，使学生理解建筑工程施工过程中文明施工与环境保护对生态文明建设的重要性，理解文明施工概念应熟记于心，理解施工作业应与保护生态平衡和改善人居环境紧密结合；使学生树立以人为本、保护环境、文明施工的观念，提高学生对社会主义核心价值观的认同感，增强“四个自信”。

任务引入

1.《建筑施工安全检查标准》(JGJ 59—2011)对文明施工的规定

1)现场围挡

工地必须沿四周连续设置封闭围挡，围挡材料应选用砌体、金属板材等硬性材料，并做到坚固、稳定、整洁和美观。

2)封闭管理

施工现场进出口应设置大门、门卫室、企业名称或标识、车辆冲洗设施等，严格执行门卫制度。工作人员应持工作卡进出现场。

3)施工场地

施工现场主要道路必须采用混凝土、碎石或其他硬质材料进行硬化处理，做到畅通、平整，其宽度应能满足施工及消防等的要求。对现场易产生扬尘污染的路面、裸露地面及存放的土方等，应采取合理、严密的防尘措施。

4)材料管理

工作人员应根据施工现场实际面积及安全消防要求，合理布置材料的存放位置并码放整齐。现场存放的材料(如钢筋、水泥等)，为了达到质量和环境保护的要求，应有防雨水浸泡、防锈蚀和防尘等措施。建筑物内施工垃圾的清运，为防止造成人员伤亡和环境污染，必须采用合理容器或管道运输，严禁凌空抛掷。现场易燃易爆物品必须严格管理，在使用和储藏过程中，必须有防暴晒、防火等保护措施，并应间距合理、分类存放。

5)现场办公与住宿

为了保证住宿人员的人身安全，在建工程、伙房、库房严禁兼作员工宿舍。施工现场应对作业区、材料区与办公区、生活区进行明显划分，并应有隔离措施；如因现场狭小，不能达到安全距离的要求，必须对办公区、生活区采取可靠的防护措施。

宿舍内严禁使用通铺，床铺不应超过2层，为了达到安全和消防的要求，宿舍内应有必要的生活空间，居住人员不得超过16人，通道宽度不应小于0.9 m，人均使用面积不应小于2.5 m^2。

6)现场防火

现场临时用房和设施，包括办公用房、宿舍、厨房操作间、食堂、锅炉房、库房、变配电房、围挡、大门、材料堆场及其加工场、固定动火作业场、作业棚、机具棚等设施，在防火设计上，必须达到有关消防安全技术规范的要求。

现场木料、保温材料、安全网等易燃材料必须入库、合理存放，并配备相应、有效、足够的消防器材。

为了保证现场防火安全，动火作业前必须履行动火审批程序，经监护和主管人员确认、同意，消防设施到位后，方可施工。

2.《建设工程项目管理规范》(GB/T 50326—2017)对环境管理的规定

(1)工程施工前，项目管理机构应进行下列调查：

①施工现场和周边环境条件；

②施工可能对环境造成的影响；

③制订环境管理计划的其他条件。

(2)项目管理机构应进行项目环境管理策划，确定施工现场环境管理目标和指标，编制项目环境管理计划。

(3)项目管理机构应根据环境管理计划进行环境管理交底，实施环境管理培训，落实环境管理手段、设施和设备。

(4)施工现场应符合下列环境管理要求：

①工程施工方案和专项措施应保证施工现场及周边环境安全、文明，减少噪声污染、光污染、水污染及大气污染，杜绝重大污染事件的发生；

②在施工过程中应进行垃圾分类，实现固体废弃物的循环利用，设专人按规定处置有毒、有害物质，禁止将有毒、有害废弃物用于现场回填或混入建筑垃圾中外运；

③按照分区划块原则，规范施工污染排放和资源消耗管理，进行定期检查或测量，实施预防和纠偏措施，保持现场良好的作业环境和卫生条件；

④针对施工污染源或污染因素，进行环境风险分析，制订环境污染应急预案，预防可能出现的非预期损害；在发生环境事故时，进行应急响应以消除或减少污染，隔离污染源并采取相应措施防止二次污染。

(5)组织应在施工过程及竣工后，进行环境管理绩效评价。

任务内容

以教师发布的拟建建筑施工图纸及施工条件为背景，根据工程实际，对施工过程进行环境因素辨识和评价，制订环境保护计划，编制拟建工程文明施工和环境保护措施。

任务成果

根据任务要求，编制文明施工和环境保护措施，以电子版和打印版形式提交成果。

任务考核

自我分析及评价

成果评价表

职业能力评价	标准分	自我评价	小组评价	组间评价	教师评价
文明施工	50				
环境保护	50				

个人表现及加分理由：

项目7

单位工程施工组织设计任务指导书

7.1 毕业设计的目的

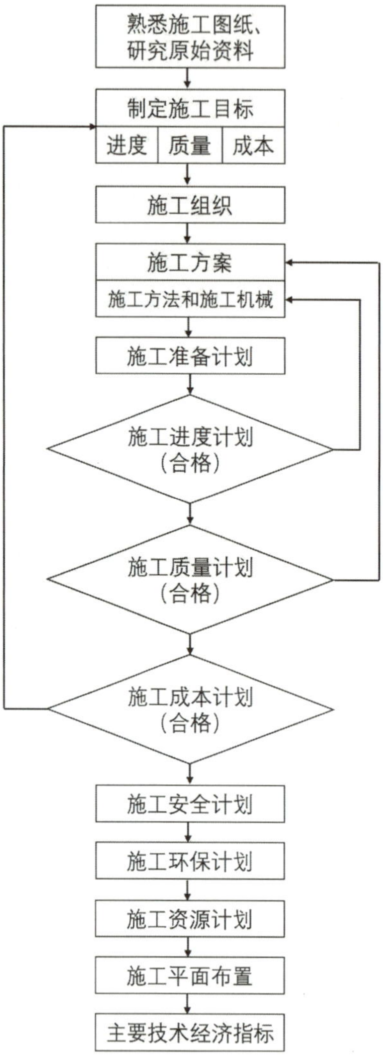

施工组织设计的编制步骤

通过本课题的训练，使学生掌握单位工程施工组织设计编制的内容、程序，进而掌握其编制方法。课题要求学生以框架结构（比较复杂的公共建筑或者层数不低于 8 层）、框架剪力墙结构或剪力墙结构的单位工程为题，根据拟建工程的性质和规模、施工季节和环境、工期、工人的素质和数量、机械的装备程度、材料供应情况等各种技术经济条件，从技术统一的全局出发，从许多可行的方案中选定最优的方案，编制可行的施工组织设计，并在施工组织设计的过程中，做好施工技术管理，进行成本、进度、质量控制。

7.2 编制步骤

施工组织设计应按左图所示的步骤编制。

7.3 毕业设计的主要内容

所做施工组织设计应包括如下内容。

第 1 章　工程概况

1.1　建筑工程概况

1.2　结构工程概况

1.3　施工场地周边概况

1.4　工程主立面图和主要平面图

第 2 章　施工部署

2.1　项目组织结构

2.2　岗位职责

2.3　施工目标

2.3.1　质量目标

2.3.2　工期目标

2.3.3　安全与文明施工目标

2.4 总体施工安排

2.4.1 施工区域的划分

2.4.2 总体施工顺序

2.5 施工平面布置

2.5.1 塔吊、混凝土泵布置

2.5.2 出入口及场内道路布置

2.5.3 钢筋车间、钢筋堆场布置

2.5.4 材料堆放场地

2.5.5 配电线路计算与布置

2.5.6 临时用水计算与布置

2.5.7 其他设施布置:门卫、水房、抽烟室、厕所、办公用房等

2.6 施工进度计划

2.6.1 横道图

2.6.2 网络图

2.7 主要施工机械设备的配备

第3章 土建工程主要施工技术

3.1 施工测量方案

3.1.1 施测方法及技术措施

3.1.2 定位放线

3.1.3 标高施测方法和精度要求

3.1.4 沉降观测

3.2 模板工程

3.2.1 基础模板

3.2.2 梁板柱模板

3.2.3 楼梯模板

3.2.4 电梯井和管道井模板

3.3 钢筋工程

3.3.1 存放与验收

3.3.2 钢筋加工

3.3.3 钢筋接头

3.3.4 钢筋绑扎

3.3.5 保护层厚度控制

3.4 混凝土工程

3.4.1 原材料

3.4.2 普通混凝土

3.4.3 防水混凝土

3.5 脚手架

3.5.1 工程概况

3.5.2 搭设方案

3.5.3 脚手架计算

3.6 防水工程

3.6.1 地下室防水工程

3.6.2 屋面防水工程

3.6.3 卫生间防水工程

3.6.4 外墙防水工程

3.7 装饰装修工程

3.7.1 门窗安装

3.7.2 隔断、隔墙

3.7.3 楼地面工程

3.7.4 抹灰、贴面工程

3.8 特殊部位施工

3.8.1 后浇带施工

3.8.2 变形缝处措施

3.8.3 高支模设计

第 4 章 施工进度保障措施

4.1 计划实施

4.2 计划检查

4.3 具体措施

第 5 章 施工质量保障措施

5.1 质量保证体系

5.2 质量管理制度

5.3 QC 小组活动

5.4 图纸会审制度

5.5 质量预控及对策图表

第 6 章 施工安全、现场消防和保卫制度

6.1 安全管理制度

6.2 安全管理体系

第 7 章 文明施工与环境保护措施

7.1 文明施工目标

7.2 文明施工体系

7.3 环境保护措施

第 8 章 总分包管理

8.1 总分包管理措施

8.1.1 合同管理

8.1.2 制度管理

8.1.3 计划管理

8.2 总分包的协调与配合

7.4 基本内容要求

7.4.1 编制依据

(1)施工组织总设计,包括建设项目施工组织总设计编制单位、编制日期、审批情况和审批日期。

(2)单项(位)工程全部施工图纸及其标准图。

(3)单项(位)工程工程地质勘探报告、地形图和工程测量控制网,说明工程地质勘探报告、地形图和工程测量控制网的名称、报告编号、报告日期。

(4)建设项目施工组织总设计对本工程的工期、质量和成本控制的目标。

(5)承包单位年度施工计划对本工程开、竣工的时间要求。

(6)合同文件,包括以下内容:

①协议书(包括合同名称、编号、签订日期);

②中标通知书;

③投标书及附件;

④专用条款;

⑤通用条款;

⑥标准、规范及有关技术文件;

⑦图纸;

⑧具有标价的工程量清单;

⑨ 工程报价单或施工图预算书。

(7)施工图纸及有关标准图,包括经有关部门审批的施工图的编号、出图日期、批准部门、批准日期;设计图纸中引用的标准图编号、标准图名称。

(8)法律、法规、技术规范文件

工程涉及的国家、行业、地方主要法律、法规、技术规范、规程,本单位的企业技术标准及质量、环境、职业安全健康管理体系文件。

(9)其他有关文件,包括与该工程有关的国家批准的基本建设计划文件;建设地区主管部门的批文;施工单位上级下达的施工任务书等。其他有关文件应说明文件批号、日期。

本节内容可采用编制依据主要文件表表示。

编制依据主要文件表

<table>
<tr><th>序号</th><th colspan="2">文件名称</th><th>编号</th><th>类别</th></tr>
<tr><td></td><td rowspan="2">法律</td><td></td><td></td><td></td></tr>
<tr><td></td><td></td><td></td><td></td></tr>
<tr><td></td><td rowspan="2">规范
标准</td><td></td><td></td><td></td></tr>
<tr><td></td><td></td><td></td><td></td></tr>
</table>

续表

序号	文件名称		编号	类别
	体系管理			
	企业技术标准			
	技术文件			
	其他			

注:类别是指国标(文件)、行标(文件)、地方标准(文件)或本单位标准(文件)。

7.4.2 工程概况

1. 工程建设概况

工程建设概况包括建设项目名称、工程类别、使用功能、建设目的和建设地点;占地面积和建设规模;工程的建设、勘察、设计、总承包和分包单位名称,以及建设单位委托的监理单位名称及其监理班子组织状况;质量要求和投资额,以及工期要求等,可采用工程建设概况一览表表示。

工程建设概况一览表

工程名称		工程地址	
工程类别		占地总面积	
建设单位		勘察单位	
设计单位		监理单位	
质量监督部门		质量要求	
总承包单位		主要分包单位	
建设工期		合同工期	
总投资额		合同工期投资额	
工程的主要功能或用途			

2. 建筑工程概况

建筑工程概况包括工程平面组成、层数、层高、建筑面积，装饰装修的主要做法，工程各部位防水做法，保温节能、绿化以及环境保护等概况，应附平面图、立面图和剖面图，可采用建筑工程概况表表示。

建筑工程概况表

<table>
<tr><td colspan="2">占地面积</td><td></td><td colspan="2">首层建筑面积</td><td></td><td>总建筑面积</td><td></td></tr>
<tr><td rowspan="3">层数</td><td>地上</td><td></td><td rowspan="3">层高</td><td>首层</td><td></td><td>地上面积</td><td></td></tr>
<tr><td>地下</td><td></td><td>标准层</td><td></td><td>地下面积</td><td></td></tr>
<tr><td></td><td></td><td>地下</td><td></td><td></td><td></td></tr>
<tr><td rowspan="6">装饰装修</td><td>外檐</td><td colspan="6"></td></tr>
<tr><td>楼地面</td><td colspan="6"></td></tr>
<tr><td>墙面</td><td colspan="6"></td></tr>
<tr><td>顶棚</td><td colspan="6"></td></tr>
<tr><td>楼梯</td><td colspan="6"></td></tr>
<tr><td>电梯厅</td><td colspan="2">地面：</td><td colspan="2">墙面：</td><td colspan="2">顶棚：</td></tr>
<tr><td rowspan="5">防水</td><td>地下</td><td colspan="2">防水等级：</td><td colspan="4">防水材料：</td></tr>
<tr><td>屋面</td><td colspan="2">防水等级：</td><td colspan="4">防水材料：</td></tr>
<tr><td>厕浴间</td><td colspan="6"></td></tr>
<tr><td>阳台</td><td colspan="6"></td></tr>
<tr><td>雨篷</td><td colspan="6"></td></tr>
<tr><td colspan="2">保温节能</td><td colspan="6"></td></tr>
<tr><td colspan="2">绿化</td><td colspan="6"></td></tr>
<tr><td colspan="2">环境保护</td><td colspan="6"></td></tr>
<tr><td colspan="8">其他需要说明的事项：</td></tr>
</table>

3. 结构工程概况

结构工程概况包括工程地基基础结构设计概况，主体结构设计概况，抗震设防等级，混凝土、钢筋等材料要求等，可采用结构工程概况表表示。

结构工程概况表

<table>
<tr><td rowspan="5">地基基础</td><td>埋深</td><td></td><td>持力层</td><td></td><td>承载力标准值</td><td></td></tr>
<tr><td>桩基</td><td colspan="2">类型：</td><td>桩长：</td><td>桩径：</td><td>间距：</td></tr>
<tr><td>箱、筏</td><td colspan="3">地板厚度：</td><td colspan="2">顶板厚度：</td></tr>
<tr><td>条基</td><td colspan="5"></td></tr>
<tr><td>独立</td><td colspan="5"></td></tr>
<tr><td rowspan="2">主体结构</td><td colspan="2">结构形式</td><td></td><td>主要柱网间距</td><td colspan="2"></td></tr>
<tr><td colspan="2">主要结构尺寸</td><td>梁：</td><td>板：</td><td>柱：</td><td>墙：</td></tr>
<tr><td colspan="2">抗震设防等级</td><td colspan="2"></td><td>人防等级</td><td colspan="2"></td></tr>
<tr><td colspan="2" rowspan="3">混凝土强度等级及抗渗要求</td><td>基础</td><td></td><td>墙体</td><td></td><td>其他</td></tr>
<tr><td>梁</td><td></td><td>板</td><td colspan="2"></td></tr>
<tr><td>柱</td><td></td><td>楼梯</td><td colspan="2"></td></tr>
<tr><td colspan="2">钢筋</td><td colspan="5">类别：</td></tr>
<tr><td colspan="2">特殊结构</td><td colspan="5">（钢结构、网架、预应力）</td></tr>
</table>

其他需说明的事项：

4. 建筑场地周边概况

1）气象条件

气象条件包括当地气象条件和变化状况（冬季开始时间，一般平均温度、最低温度、极端最低温度和降雪量情况；夏季开始时间、一般平均温度、最高温度和极端最高温度情况；雨季时间，平均降水量和日最大降水量情况）；当地主导风向和最大风力情况。

2）工程地质及水文条件

工程地质及水文条件包括建筑物所处位置的土质情况，地下水水质、水位标高及流向等。

3）地形条件

地形条件包括建筑物所在位置的场地绝对标高、场地平整情况等。

4）周边道路及交通条件

周边道路及交通条件包括施工现场周边道路状况、运输道路是否畅通等。

5）场区及周边地下管线

场区及周边地下管线包括施工现场及周边是否有地下水管、电缆、天然气、液化气等管道，各类管道埋置位置、深度等情况。

5. 工程特点和项目实施条件分析

工程特点和项目实施条件分析包括工程特点，用电、用水等条件。

7.4.3 施工部署

1. 项目组织机构

项目管理人员工作职责和权限，与质量、环境、职业安全健康管理体系文件中管理人员职责和权限一致。

2. 岗位职责

明确项目参与人员的岗位职责。

3. 施工目标

施工目标参见相关标准，以施工项目管理目标表的形式表示。

施工项目管理目标表

项目管理目标名称	目标值
工期目标	
质量目标	
安全与文明施工目标	
成本目标	

4. 施工总体安排

1)施工流水段的划分

根据工期目标、设计和资源状况，合理地进行流水段的划分。流水段包括基础阶段、主体阶段、屋面阶段和装饰装修阶段四个阶段，并应分别附流水段划分的平面图。

2)总体施工顺序

(1)根据工程建筑、结构设计情况，工期，施工季节等因素，确定施工工艺流程，并附工艺流程图。

(2)工艺流程的确定应遵循“先地下后地上、先主体后装修、先土建后设备安装”的原则，做到科学合理地确定施工工艺流程。

5. 施工平面布置

施工平面布置主要包括以下内容：

①塔吊、混凝土泵布置；

②出入口及场内道路布置；

③钢筋车间、钢筋堆场布置；

④材料堆放场地布置；

⑤配电线路计算与布置；

⑥临时用水计算与布置；

⑦其他设施布置包括门卫、水房、抽烟室、厕所、办公用房等。

6. 施工进度计划

施工进度计划主要有以下两种形式：

①横道图；

②网络图。

7. 主要施工机械设备的配备

根据任务要求，分阶段配置主要施工机械设备。

7.4.4 土建工程主要施工方案

(1)确定影响整个工程施工的分部分项工程，明确原则性施工要求。

①基坑开挖工程应确定采用哪种机械，开挖流向和分段，土方堆放地点，是否需要降水、采用哪种降水设备，垂直运输方案等。

②钢筋工程应确定钢筋加工形式、钢筋接头形式等。

③模板工程应确定各种构件采用的模板的材料，配备数量，周转次数，钢筋、模板的水平垂直运输方案等。

④脚手架工程应确定采用的架子系统的类型、周转方式等。

⑤混凝土工程应确定混凝土运输机械、混凝土浇筑顺序、浇筑机械、机械数量和机械布置位置等。

⑥结构吊装工程应明确吊装构件重量、起吊高度、起吊半径、吊装机械、机械设置位置或行走线路等，并应绘出吊装图。

(2)对于常规做法和工人熟知的分项工程提出主要应注意的一些特殊问题。

(3)分部分项工程、特殊过程、关键过程，应另行编制具体的施工方案，并将其作为单位(项)工程施工组织设计的附件一同归档。

(4) 施工方案编制内容应符合规范的有关要求。

7.4.5 施工准备工作计划

施工准备工作计划包括以下内容。

1)施工技术准备

①编制施工进度控制实施细则：分解工程进度控制目标，编制施工作业计划；认真落实施工资源供应计划，严格控制工程进度计划目标；协调各施工部门的关系，做好组织协调工作；收集工程进度控制信息，做好工程进度跟踪监控工作；采取有效进度控制措施，保证工程进度控制目标。

②编制施工质量控制实施细则：分解施工质量控制目标，建立健全施工质量体系；认真确定分项工程质量控制点，落实质量控制措施；跟踪监控施工质量，分析施工质量变化状况；采取有效质量控制措施，保证工程质量控制目标。

③编制施工成本控制实施细则：分解施工成本控制目标，确定分项工程施工成本控制标准；采取有效成本控制措施，跟踪监控施工成本；全面履行承包合同，减少业主索赔机会；按时结算工程价款，加快工程资金周转；收集工程施工成本控制信息，保证施工成本控制目标。

④做好工程技术交底工作:单项(位)工程施工组织设计、施工方案和施工技术标准交底。

2)劳动组织准备

①建立工作队组:根据施工方案、施工进度和劳动力需要量计划要求,确定工作队组形式,建立队组领导体系,使队组内部工人技术等级比例合理且满足劳动组合优化的要求。

②做好劳动力培训工作:根据劳动力需要量计划,组织劳动力进场,组建好工作队组,安排好工人进场后的生活,按工作队组组织上岗前培训。

3)施工物资准备

施工物资准备包括施工工具准备,建筑原材料准备,成品、半成品准备,施工机械设备准备,大型临时设施准备。

4)施工现场准备

施工现场准备包括清除现场障碍物,实现"三通一平";现场控制网测量;建造各项施工设施;做好冬雨季施工准备;组织施工物资和施工机具进场。

7.4.6 施工进度计划

1)编制施工进度计划的依据

编制施工进度计划的依据如下:

①项目管理目标责任书;

②施工总进度计划;

③施工方案;

④主要材料和设备的供应能力;

⑤施工人员的技术素质及劳动效率;

⑥施工现场条件,包括气候条件,环境条件;

⑦已建成的同类工程的实际进度及经济指标。

2)施工进度计划编制步骤

(1)施工横道进度计划编制步骤如下:

①熟悉审查施工图纸,研究原始资料;

②确定施工起点、流向,划分施工段和施工层;

③分解施工过程,确定施工项目名称和施工顺序;

④选择施工方法和施工机械,确定施工方案;

⑤计算工程量,确定劳动量或机械台班数量;

⑥计算工程项目持续时间,确定各项流水参数;

⑦绘制施工横道图;

⑧按照项目进度控制目标要求,调整和优化施工横道计划图。

(2)施工网络进度计划编制步骤如下:

①熟悉审查施工图纸,研究原始资料;

②确定施工起点、流向,划分施工段和施工层;

③分解施工过程,确定施工顺序和工作名称;

④选择施工方法和施工机械,确定施工方案;

⑤计算工程量，确定劳动量或机械台班数量；

⑥计算各项工作的持续时间；

⑦绘制施工网络图；

⑧计算网络图的各项时间参数；

⑨按照项目进度控制目标要求，调整和优化施工网络计划。

3)施工进度计划编制内容

施工进度计划包括以下内容：

①编制说明；

②进度计划图；

③单位工程施工进度计划的风险分析及控制措施。

编制单位工程施工进度计划应采用工程网络计划技术。编制工程网络计划应符合国家现行标准及行业标准的规定。

4)制订施工进度控制实施细则

制订施工进度控制实施细则包括以下内容：

①编制月、旬和周施工作业计划，项目经理部对进度控制的责职分工，进度控制的具体措施(包括组织措施、技术措施、经济措施及合同措施等)；

②落实劳动力、原材料和施工机具供应计划；

③协调同设计单位和分包单位的关系，以便取得其配合和支持；

④协调同业主的关系，保证其供应材料、设备和图纸及时到位；

⑤跟踪监控施工进度，保证施工进度控制目标实现。

7.4.7 施工平面布置

1.施工平面布置的依据

施工平面布置的依据包括以下内容：

①施工总平面布置；

②建设地区原始资料；

③原有和拟建工程的位置及尺寸；

④全部施工设施建造方案；

⑤施工方案、施工进度和资源需要量计划；

⑥建设单位可提供的房屋和其他生活设施；

⑦项目所在地方政府的有关规定。

2.施工平面布置的原则

施工平面布置的原则包括以下内容：

①施工平面布置要紧凑合理，尽量减少施工用地；

②尽量利用原有建筑物或构筑物，降低施工设施建造费用；

③合理地组织运输，保证现场运输道路畅通，尽量减少场内运输费；

④尽量采用装配式施工设施，减少搬迁损失，提高施工设施安装速度；

⑤各项施工设施布置都要满足方便生产、有利生活、安全防火、环境保护和劳动保护

要求。

3.施工平面布置的内容

1)设计施工平面图

设计施工平面图包括建筑总平面图上的全部地上、地下建筑物、构筑物和管线;地形等高线,测量放线标桩位置;各类起重机械停放场地和开行线路;生产性、生活性施工设施和安全防火设施位置。

2)临时用水布置图

综合考虑施工现场用水量、机械用水量、生活用水量、消防用水量等,确定总用水量,选择水源,设计临时给水系统。

3)临时用电布置图

建筑工地临时用电包括动力用电与照明用电两种,在计算用电量时,从以下各点考虑:

①全工地所使用的机械动力设备,其他电气工具及照明用电的数量;

②施工总进度计划中施工高峰阶段同时用电的机械设备的最大数量;

③各种机械设备在工作中的需用的情况。

确定总用电量,选择电源,设计临时用电系统。

4)临时道路

根据生产和生活的要求,设计临时道路方案,明确道路的宽度、走向、厚度及材料等问题。

5)排水系统

根据工程地势情况,结合当地的气候,综合考虑生产和生活要求,兼顾环境管理的规定,设计临时排水系统。

4.设计施工平面图步骤

设计施工平面图应遵循以下步骤:

①确定起重机械的数量和位置;

②确定搅拌站、材料堆场、仓库和加工场的位置;

③确定运输道路的位置;

④行政管理和文化福利设施布置;

⑤确定水电管网的位置。

5.施工平面图输出要求

施工平面图最终由基础阶段施工平面图、主体阶段施工平面图和装饰装修阶段施工平面图组成。

7.4.8 施工资源计划

1.劳动力需要量计划

劳动力需要量计划指按进度计划中确定的各工程项目主要工种工程量,套用概(预)算定额或者有关资料,求出各工程项目主要工种的劳动力需要量,在施工总进度计划网络中绘制相应的劳动力资源曲线。劳动力需要量计划采用劳动力需要量计划表表示。

劳动力需要量计划表

序号	专业工种		劳动量/工日	需要量计划/工日												备注
				年度						年度						
	名称	级别		1	2	3	4	5	……	1	2	3	4	5	……	

2.施工工具需要量计划

施工工具需要量计划主要指模板、脚手架用钢管、扣件、脚手板等辅助施工用工具的需要量计划，采用施工工具需要量计划表表示。

施工工具需要量计划表

序号	施工工具名称	需要量	进场日期	出场日期	备注

3.原材料需要量计划

原材料需要量计划主要指工程用水泥、钢筋、砂、石子、砖、石灰、防水材料等主要材料的需要量计划，采用原材料需要量计划表表示。

原材料需要量计划表

序号	材料名称	规格	需要量		需要时间									备注
			单位	数量	____月			____月			____月			
					1	2	3	1	2	3	1	2	3	

4.成品、半成品需要量计划

成品、半成品需要量计划主要指混凝土预制构件、钢结构、门窗构件等成品、半成品的需要量计划，采用成品、半成品需要量计划表表示。

成品、半成品需要量计划表

序号	成品、半成品名称	规格	需要量		需要时间									备注
			单位	数量	____月			____月			____月			
					1	2	3	1	2	3	1	2	3	

5. 施工机械、设备需要量计划

施工机械、设备需要量计划主要指施工用大型机械设备、中小型施工工具等的需要量计划，采用施工机械、设备需要量计划表表示。

施工机械、设备需要量计划表

序号	机械名称	型号	规格	电功率/kW	需要量/台	使用时间	备注

6. 生产工艺设备需要量计划

生产工艺设备需要量计划主要指生产工艺设备等的需要量计划，采用生产工艺设备需要量计划表表示。

生产工艺设备需要量计划表

序号	设备名称	型号	规格	电功率/kW	需要量/台	进场时间	备注

7. 测量装置需要量计划

测量装置需要量计划主要指本工程用于定位测量放线用的计量设备、现场试验用计量装置、质量检测设备、安全检测设备、进场材料计量用设备等的需要量计划，采用测量装置需要量计划表表示。

测量装置需要量计划表

序号	测量装置名称	分类	数量	使用特征	使用时间	保管人

7.4.9 施工质量计划及保证措施

施工质量计划是指确定施工的质量目标和达到这些质量目标必要的作业过程、专门的质量措施和资源等。

(1)质量概况。

根据工程建筑结构特点、工程承包合同和工程设计要求,认真分析影响施工质量的各项因素,明确施工质量特点及质量控制重点。

(2)质量目标。

根据施工质量要求和特点分析,确定单项(位)工程施工质量控制目标,将该目标逐级分解为分部工程、分项工程和工序质量控制子目标,作为确定施工质量控制点的依据。

根据单项(位)工程,分部(项)工程施工质量目标要求,对影响施工质量的关键环节、部位和工序设置质量控制点。

(3)组织机构。

组织机构包括以下内容:

①组织机构和人员职责;

②职能分配;

③建立健全各项质量管理规章制度,根据工程施工质量目标要求,确定质量控制点,并制订有效措施。

(4)质量控制及管理组织协调的系统描述。

质量控制及管理组织协调的系统描述包括以下内容:

① 业主提供的材料、机械设备等产品的质量控制措施;

②材料、机械、设备、劳务及试验等采购控制;

③产品标识及可追溯性控制措施。

(5)必要的质量控制手段,施工过程,服务、检验和试验程序等。

此项内容包括现场质量管理制度,分包方资质与对分包单位的管理制度,工程质量检验制度,搅拌站及计量设置,现场材料、设备存放与管理等;建筑材料、预制加工品和工艺设备质量检查验收措施;分部工程、分项工程质量控制措施;施工质量控制点的跟踪监控办法。

(6)确定关键工序、特殊过程及作业指导书。

对在项目质量计划中界定的特殊过程,应设置工序质量控制点;对特殊过程的控制,除应执行一般过程控制的规定外,还应编制专门的作业指导书。

(7)与施工阶段相适应的检验、试验、测量、验证要求。

(8)更改和完善质量计划的程序。

(9)质量保证措施。

质量保证措施包括施工准备工作阶段的质量控制，施工阶段的质量控制，竣工验收阶段的质量控制和质量持续改进等。

7.4.10 施工成本计划

1. 施工成本计划

依据单位(项)工程施工预算，确定项目的计划目标成本，通过工料分析制订成本措施，确定正常施工成本计划及责任分解。

2. 编制施工成本计划的步骤

编制施工成本计划有以下的步骤：

①收集和审查有关编制依据；

②做好工程施工成本预测；

③编制单项(位)工程施工成本计划；

④制订施工成本控制实施细则。

3. 施工成本控制措施

施工成本控制措施包括确定施工项目成本控制程序和内容、健全工程施工成本控制组织、明确施工项目目标和控制责任制、设计降低施工项目成本的途径和措施，如优选材料、设备质量和价格，优化工期和成本，减少赶工费，跟踪监控计划成本与实际成本差额，分析产生原因，采取纠正措施，全面履行合同，减少业主索赔机会。

4. 降低施工成本技术措施计划

技术组织措施采用技术组织措施表表示，降低成本计划采用降低成本计划表表示。

技术组织措施表

措施项目	措施内容	涉及对象			降低成本来源		成本降低额				
		实物名称	单价	数量	预算收入	计划开支	合计	人工费	材料费	机械费	其他直接费

降低成本计划表

分项工程名称	成本降低额					
	总计	直接成本				间接成本
		人工费	材料费	机械费	其他直接费	

7.4.11 职业安全健康管理方案

1. 安全概况

安全概况包括与安全相关的建筑结构特征；建造地点以及施工特征等。安全需求是针对工程性质和特征，对安全工作提出的要求。

2. 安全控制程序

项目安全控制应遵循以下程序：

①确定施工安全目标；

②编制项目安全保证计划；

③项目安全计划实施；

④项目安全保证计划验证。

3. 安全控制目标

①项目经理部应根据施工中人的不安全行为、物的不安全状态、作业环境的不安全因素和管理缺陷进行相应的安全控制。

②项目经理部应设定各单项工程、分部工程安全控制目标。

4. 安全组织结构

安全组织结构包括安全组织结构形式、安全管理层次等。

5. 安全职责权限

根据安全生产责任制要求，把安全责任目标分解到岗、落实到人。

6. 安全规章制度

根据工程情况，编制施工现场安全生产、文明施工管理制度，如门卫制度、安全检查制度、食堂卫生管理制度、安全教育培训制度、宿舍卫生制度、厕所卫生制度、浴室卫生制度、设备设施验收制度、班前安全活动制度、安全值班制度、特种作业人员管理制度、安全生产责任制制度、安全生产责任制考核制度、安全生产责任目标考核制度、事故报告制度、安全防护费用与准用证管理制度、安全技术交底制度等。

7. 安全资源配置

安全资源配置包括安全资源名称、规格、数量及使用地点和部门，并将其列入安全资源需要量计划。

1)管理人员配置

管理人员配置参见相关标准。

2)特种作业人员配置

作业风险较大的工种和容易发生安全事故的项目的操作人员应参加培训并持证上岗。特种作业人员配置采用特种作业人员配置计划表表示。

特种作业人员配置计划表

姓名	工种	操作证号	姓名	工种	操作证号

3)检测工具配置

检测工具配置主要指用于安全防范检测的工具的配置,采用检测工具配置计划表表示。

检测工具配置计划表

序号	设备名称	规格型号	数量	启用日期	备注

4)安全措施费用计划

安全措施费用计划采用安全措施费用计划表表示。

安全措施费用计划表

名称	数量	规格	单价/元	小计/元	备注
合计					

8.安全检查评价及奖惩制度

安全检查评价及奖惩制度包括确定安全检查时间、安全检查人员组成、安全检查事项和方法;安全检查记录要求和结果评价;编写安全检查报告;兑现安全施工优胜者的奖励等。

9.安全技术措施

1)危害辨识

(1)危害辨识与风险评价。

针对施工现场具体情况,组织实施危害辨识与风险评价并记录。

(2)重大危害因素清单。

根据评价结果，编制重大危害因素清单。

(3)重大危害因素控制目标。

根据项目安全管理目标和重大危害因素辨识，确定重大危害因素控制目标并记录在重大危害因素控制目标分解表中。

重大危害因素控制目标分解表

序号	工作内容	目标值	控制手段	主控责任人	监控责任人	领导责任人

(4)实现重大危害因素控制目标的时间和进度。

实现重大危害因素控制目标的时间和进度采用实现重大危害因素控制目标的时间和进度表表示。

实现重大危害因素控制目标的时间和进度表

序号	危害因素	控制措施和进度安排	完成时间

2)控制措施

(1)对结构复杂、施工难度大、专业性强的项目，除制订项目安全技术总体安全保证计划外，还必须制订单位工程或分部、分项工程的安全施工措施。

(2)对高空作业、井下作业、水上作业、水下作业、深基础开挖、爆破作业、脚手架作业、有害有毒作业、特种机械作业等专业性强的施工作业，以及涉及电气、压力容器、起重机、金属焊接、井下瓦斯检验、机动车和船舶驾驶等特殊工种的作业，应制订单项安全技术方案和措施，并应对管理人员和操作人员的安全作业资格和身体状况进行合格审查。

(3)安全技术措施包括防火、防毒、防爆、防洪、防尘、防雷击、防触电、防坍塌、防物体打击、防机械伤害、防溜车、防高空坠落、防交通事故、防寒、防暑、防疫、防环境污染等方面的措施。

3)不符合控制及纠正与预防措施

(1)不符合控制。

项目负责人应按照要求做好施工现场不符合的控制工作，阐述项目的具体措施，如对发现的不符合项采取的措施。

(2)纠正与预防措施。

项目部应该建立安全生产分析会制度，分析施工现场的安全管理情况。对经常发生的一般不符合、较严重的不符合或潜在不符合情况，形成相关记录。

4)绩效测量

(1)目标测量。

项目经理部应定期对重大危害因素控制目标进行测量。

(2)主动测量。

项目经理部应定期组织施工现场安全检查。

5)应急预案

项目组织对本项目潜在的事件和紧急情况进行识别,组织制订应急预案;应该按照应急预案的要求,组织定期演练;应该在项目紧急情况处理结束后进行评价。

7.4.12 环境管理方案

1.施工环保计划的内容

施工环保计划有以下内容:

①施工环保目标;

②施工环保组织机构;

③施工环保事项内容和措施。

2.施工环保计划编制的步骤

1)确定施工环保管理目标

确定单项工程、单位工程和分部工程施工环保目标。

2)确定环保组织机构

确定施工环保组织机构形式、环保组织管理层次、环保职责和权限、环保管理人员组成以及建立环保管理规章制度。

3)明确施工环保事项内容和措施

施工环保事项内容和措施包括现场泥浆、污水和排水;现场爆破危害防治;现场打桩震害防治;现场防尘和防噪声;现场地下旧有管线或文物保护;现场熔化沥青及其防护;现场及周边交通环境保护;现场卫生防疫和绿化工作。

3.施工环保管理目标

项目组织对现场环境因素进行调查,评价本项目的重大环境因素,并用环境管理目标表表示;制订项目环境管理目标、实现目标的方法和时间,采用实现环境管理目标的方法和时间表表示;落实重大环境因素的控制措施。

环境管理目标表

序号	环境因素	环境目标	环境指标	完成期限	责任实施部门	协助管理部门	实施监控部门

编制人: 审批人:

实现环境管理目标的方法和时间表

序号	环境目标和指标	实现方法	责任人	实施时间

4.环保组织机构

环保组织机构包括以下内容：

①组织机构和人员职责；

②职能分配；

③建立健全环保管理规章制度。

为保证环境管理目标的顺利实现，项目组织应制订各项环境管理制度，如施工现场卫生管理制度、现场化学危险品管理制度、现场有毒有害废弃物管理制度、现场消防管理制度、现场用水管理制度、现场用电管理制度等。

5.环保事项内容和措施

对识别出的重大环境因素制订控制措施，如现场泥浆排放控制措施，现场生产、生活污水排放控制措施，现场爆破危害防治措施，现场打桩震害防治措施，现场防尘措施，现场防噪声措施，现场地下旧有管线保护措施，现场文物保护措施，现场熔化沥青防护措施，现场周边交通环境保护措施，现场卫生防疫措施，现场绿化、亮化措施等。

1)应急准备和响应

(1)根据工程的特点，确定项目应急准备和响应的重点物资或场所。

(2)项目经理部应成立紧急事故响应的组织机构，编制应急准备和响应的方案，组织必要演练，定期检查应急准备工作情况并做好记录。

(3)发生紧急情况时，立即按紧急事故处理流程采取应急措施，防止扩散。

2)环境管理监督检查及监测

项目组织应对监测对象进行定期环境监测，做好监督监测记录。

3)不符合控制及纠正与预防措施

(1)施工现场不符合的控制。

在项目实施环境监测、监控和监督过程中发现不符合时，按照环境不符合控制程序执行；阐述项目的具体措施，如对发现的不符合项采取的措施。

(2)纠正与预防措施。

项目部对经常发生的一般不符合、较严重的不符合或潜在不符合情况，形成相关记录。

(3)相关方投诉和抱怨的处理。

项目部应建立环境投诉台账，处理好相关方的投诉和抱怨后，对处理情况进行记录和验证。发生重大投诉时，项目部应组织制订和实施纠正措施，防止重复发生。

4)信息交流

(1)内部信息交流的内容和方式。

项目部应建立内部信息交流机制，保证环境管理信息的及时沟通与协调。

(2)外部信息交流的内容和方式。

项目部应建立外部信息交流机制，保证环境管理信息的及时沟通与协调。

7.4.13 总承包管理

1. 总承包管理的方式、原则

总承包管理的方式包括目标管理、跟踪管理、授权管理、平衡管理等。

总承包管理原则是指在总承包管理中，一贯坚持的“公正”“科学”“统一”“控制”“协调”等原则。

2. 对专业工程管理范围及服务的承诺

对专业工程管理范围及服务的承诺包括对业主自行组织施工单位、业主指定分包单位、总包的专业分包单位的管理原则、管理措施、提供的服务等。

3. 与业主、监理的配合措施

与业主、监理的配合措施包括总承包方的责任、总承包方与业主和监理的关系、总承包方与业主的配合措施、总承包方与监理的配合措施等。

4. 总承包各项管理规定和管理流程

总承包各项管理规定和管理流程包括文件控制、记录控制、监视和测量装置的控制、技术管理工作、文明施工CI形象达标、机具设备管理、材料管理制度、现场水电管理、穿插和配合施工、保卫与消防、合同和预决算管理、竣工及验收、回访保修等。

7.5 成果要求

(1)完成单位工程施工组织设计电子稿一份，要求文字通顺、层次清楚、工艺方案选择合理、选定的参数有依据、计算正确、各种符号注有文字说明，必要时列出计算数据表格，做到图文并茂。

(2)完成施工进度计划表一份。

(3)完成施工现场平面布置图一份。

7.6 时间安排

毕业设计共安排十周，具体安排如下：

(1)第四周进行中期检查；

(2)第七周初步定稿；

(3)第十周打印装订文件、进行答辩准备；

(4)第十周进行毕业答辩。

7.7 实践教学考核方式及评分方法

指导教师根据学生完成任务的情况、设计说明书的质量、设计表现(包括考勤)等综合评定课程设计成绩。成绩评定实行优秀、良好、中等、及格和不及格五个等级。

参考文献

[1] 安沁丽，王磊，赵乃志. 建筑工程施工准备[M]. 2 版. 南京：南京大学出版社，2019.

[2] 鄢维峰，印宝权. 建筑工程施工组织实训[M]. 2 版. 北京：北京大学出版社，2019.

[3] 张廷瑞，毛玉红，张亦宁，等. 建筑施工组织实训[M]. 北京：北京大学出版社，2021.

[4] 全国一级建造师执业资格考试用书编写委员会. 建设工程项目管理[M]. 北京：中国建筑工业出版社，2019.

[5] 李源清. 建筑工程施工组织设计[M]. 北京：北京大学出版社，2011.

[6] 易斌. 建筑工程施工组织与实训[M]. 武汉：武汉理工大学出版社，2011.

[7] 胡兴国，王逸鹏. 单位工程施工组织设计编写指南[M]. 武汉：武汉大学出版社，2013.

[8] 危道军. 工程项目管理[M]. 4 版. 武汉：武汉理工大学出版社，2018.

[9]《建筑施工手册》(第五版)编委会. 建筑施工手册[M]. 5 版. 北京：中国建筑工业出版社，2012.

[10] 林孟洁，彭仁娥，刘孟良. 建筑施工组织[M]. 长沙：中南大学出版社，2013.

[11] 唐忠平，符德军. 建筑施工组织设计[M]. 北京：中国水利水电出版社，2012.

[12] 王利文. 土木工程施工组织与管理[M]. 北京：中国建筑工业出版社，2014.

[13] 卢青. 施工组织设计[M]. 2 版. 北京：机械工业出版社，2021.

[14] 张洁. 施工组织设计[M]. 2 版. 北京：机械工业出版社，2017.

[15] 王颖佳，黄小亚. 装配式建筑施工组织设计和项目管理[M]. 成都：西南交通大学出版社，2019.

附录A

工程量清单示例

某工程分部分项工程量清单

序号	分部	工作名称	工程量	工程量单位	时间定额	时间定额单位	劳动量	劳动量单位	人数台班	班次	天数
1	基础工程	施工前准备	363.90	m^2	0.162	工日/10 m^2	5.90	工日			
2		机械挖土	2190.59	m^3	0.003	工日/m^3	6.57	工日			
3		混凝土垫层	58.42	m^3	0.357	工日/m^3	20.86	工日			
4		筏板基础钢筋	11.05	t	2.29	工日/t	25.30	工日			
5		筏板基础模板	6.00	m^2	0.769	工日/10 m^2	0.46	工日			
6		筏板基础混凝土	91.49	m^3	0.213	工日/m^3	19.49	工日			
7	地下室	负一层墙、柱钢筋	15.44	t	2.29	工日/t	35.36	工日			
8		负一层墙、柱模板	787.50	m^2	0.715	工日/10 m^2	56.31	工日			
9		负一层墙、柱混凝土	137.39	m^3	0.559	工日/m^3	76.80	工日			
10		负一层二次结构筋	0.63	t	2.29	工日/t	1.44	工日			
11		负一层支梁板梯模	573.03	m^2	0.91	工日/10 m^2	52.15	工日			
12		负一层绑梁板梯筋	10.68	t	5.1	工日/t	54.47	工日			
13		负一层浇梁板梯混凝土	77.47	m^3	0.185	工日/m^3	14.33	工日			
14		回填土	748.68	m^3	0.071	工日/m^3	53.16	工日			
15	主体工程	一层墙、柱钢筋	3.33	t	2.29	工日/t	7.63	工日			
16		一层墙柱模板	226.76	m^2	0.715	工日/10 m^2	16.21	工日			
17		一层墙、柱混凝土	91.48	m^3	0.559	工日/m^3	51.14	工日			
18		一层二次结构筋	1.21	t	2.29	工日/t	2.77	工日			
19		一层支梁板梯模	578.20	m^2	0.91	工日/10 m^2	52.62	工日			
20		一层绑梁板梯筋	7.39	t	5.1	工日/t	37.69	工日			
21		一层浇梁板梯混凝土	70.92	m^3	0.185	工日/m^3	13.12	工日			
22		二层墙、柱筋	2.31	t	2.29	工日/t	5.29	工日			
23		二层墙、柱模板	129.42	m^2	0.715	工日/10 m^2	9.25	工日			
24		二层墙、柱混凝土	19.20	m^3	0.559	工日/m^3	10.73	工日			
25		二层二次结构钢筋	1.75	t	2.29	工日/t	4.01	工日			
26		二层梁板梯模板	657.38	m^2	0.91	工日/10 m^2	59.82	工日			
27		二层梁板梯钢筋	8.87	t	5.1	工日/t	45.24	工日			
28		二层梁板梯混凝土	74.94	m^3	0.185	工日/m^3	13.86	工日			
29		三层墙、柱筋	2.31	t	2.29	工日/t	5.29	工日			
30		三层墙、柱模板	129.42	m^2	0.715	工日/10 m^2	9.25	工日			
31		三层墙、柱混凝土	19.20	m^3	0.559	工日/m^3	10.73	工日			
32		三层二次结构钢筋	1.75	t	2.29	工日/t	4.01	工日			

续表

序号	分部	工作名称	工程量	工程量单位	时间定额	时间定额单位	劳动量	劳动量单位	人数台班	班次	天数
33	主体工程	三层梁板梯模板	657.38	m^2	0.91	工日/10 m^2	59.82	工日			
34		三层梁板梯钢筋	8.87	t	5.1	工日/t	45.24	工日			
35		三层梁板梯混凝土	74.94	m^3	0.185	工日/m^3	13.86	工日			
36		四层墙、柱筋	2.31	t	2.29	工日/t	5.29	工日			
37		四层墙、柱模板	129.42	m^2	0.715	工日/10 m^2	9.25	工日			
38		四层墙、柱混凝土	19.20	m^3	0.559	工日/m^3	10.73	工日			
39		四层二次结构钢筋	1.75	t	2.29	工日/t	4.01	工日			
40		四层梁板梯模板	657.38	m^2	0.91	工日/10 m^2	59.82	工日			
41		四层梁板梯钢筋	8.87	t	5.1	工日/t	45.24	工日			
42		四层梁板梯混凝土	74.94	m^3	0.185	工日/m^3	13.86	工日			
43		五层墙、柱筋	2.31	t	2.29	工日/t	5.29	工日			
44		五层墙、柱模板	129.42	m^2	0.715	工日/10 m^2	9.25	工日			
45		五层墙、柱混凝土	19.20	m^3	0.559	工日/m^3	10.73	工日			
46		五层二次结构钢筋	1.75	t	2.29	工日/t	4.01	工日			
47		五层梁板梯模板	657.38	m^2	0.91	工日/10 m^2	59.82	工日			
48		五层梁板梯钢筋	8.87	t	5.1	工日/t	45.24	工日			
49		五层梁板梯混凝土	74.94	m^3	0.185	工日/m^3	13.86	工日			
50		顶层绑柱筋	1.46	t	2.29	工日/t	3.34	工日			
51		顶层支柱模	72.89	m^2	0.715	工日/10 m^2	5.21	工日			
52		顶层浇柱混凝土	13.20	m^3	0.559	工日/m^3	7.38	工日			
53		顶层二次结构筋	1.70	t	2.29	工日/t	3.90	工日			
54		顶层支梁板梯模	654.56	m^2	0.91	工日/10 m^2	59.57	工日			
55		顶层绑梁板梯筋	6.22	t	5.1	工日/t	31.72	工日			
56		顶层浇梁板梯混凝土	67.98	m^3	0.185	工日/m^3	12.58	工日			
57		支屋顶模板	342.11	m^2	0.026	工日/10 m^2	0.89	工日			
58		绑屋顶筋	9.58	t	10	工日/t	95.75	工日			
59		浇屋顶混凝土	41.98	m^3	0.712	工日/m^3	29.89	工日			
60		绑构造柱钢筋	5.91	t	6.5	工日/t	38.42	工日			
61		支构造柱模	388.39	m^2	1.6	工日/10 m^2	62.14	工日			
62		浇构造柱混凝土	15.40	m^3	0.995	工日/m^3	15.32	工日			
63	屋面工程	改性沥青防水层	351.38	m^2	0.609	工日/10 m^2	21.40	工日			

续表

序号	分部	工作名称	工程量	工程量单位	时间定额	时间定额单位	劳动量	劳动量单位	人数台班	班次	天数
64	装饰工程	踢脚线	613.18	m	0.741	工日/10m	45.44	工日			
65		顶棚抹灰	924.36	m^2	1.11	工日/10 m^2	102.60	工日			
66		内墙抹灰	3706.28	m^2	1.071	工日/10 m^2	396.94	工日			
67		外墙抹灰	2114.82	m^2	1.071	工日/10 m^2	226.50	工日			
68		陶瓷砖楼地面	716.48	m^2	2.233	工日/10 m^2	160.00	工日			
69		内顶棚刷乳胶漆 内墙抹灰面喷涂料	924.36	m^2	0.621	工日/10 m^2	57.40	工日			
70		门安装	16.00	樘	1	工日/樘	16.00	工日			
71		窗安装	26.00	樘	0.556	工日/樘	14.46	工日			
72		散水混凝土	3.68	m^3	0.246	工日/m^3	0.91	工日			
73		台阶混凝土	10.56	m^3	1.06	工日/m^3	11.19	工日			
74		楼梯面层	716.46	m^2	2.3	工日/10 m^2	164.79	工日			
75	其他工程	零星扫尾		工日							

附录B

施工平面图图例

绘制施工平面图应严格按《房屋建筑制图统一标准》(GB/T 50001—2017)绘图，图例规范，线条粗细分明，字迹端正，图面整洁美观。

常用施工平面图图例

序号	名称	图例	序号	名称	图例
1	三角点	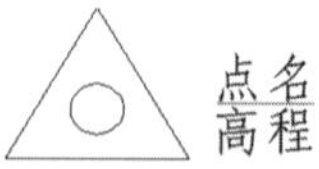	11	拟建永久道路	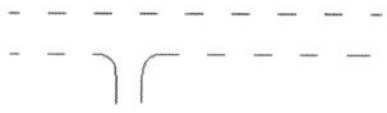
2	水准点		12	施工用临时道路	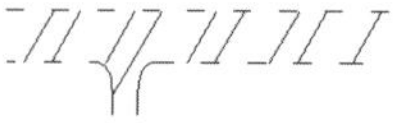
3	原有房屋	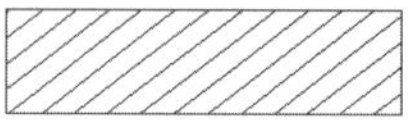	13	现有大车道	
4	施工期间利用的拟建正式房屋	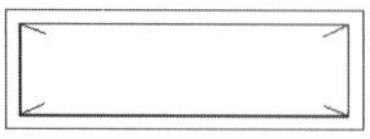	14	临时露天堆场	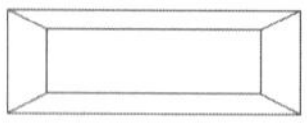
5	拟建正式房屋		15	施工期间利用的永久堆场	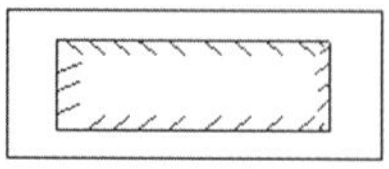
6	密闭式临时房屋 敞篷式临时房屋	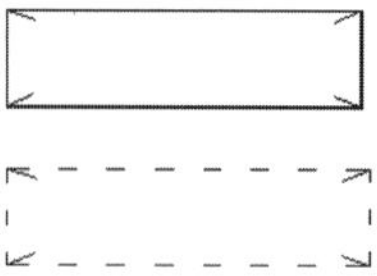	16	土堆	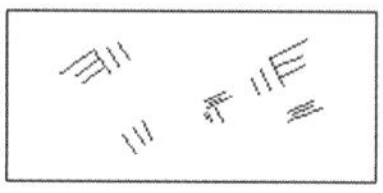
7	拟建的各种材料围墙	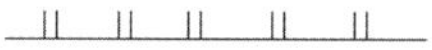	17	砂堆	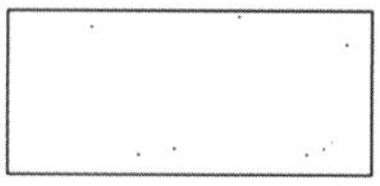
8	临时围墙		18	砾石、碎石堆	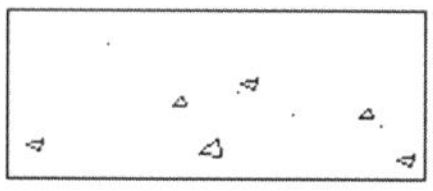
9	建筑工地界线		19	块石堆	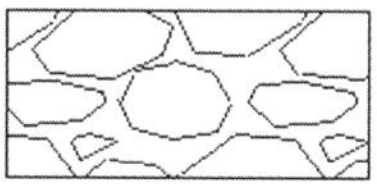
10	工地内的分区线		20	砖堆	

续表

序号	名称	图例	序号	名称	图例
21	水塔	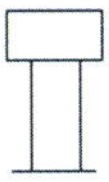	31	钢筋堆场	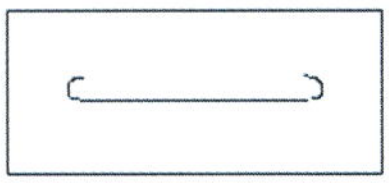
22	房角坐标	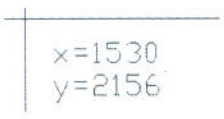	32	型钢堆场	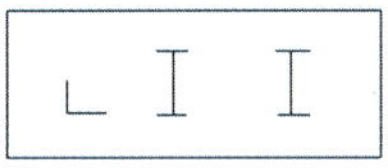
23	室内地面水平标高		33	铁管堆场	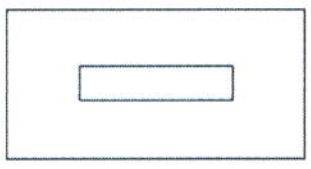
24	现有永久公路	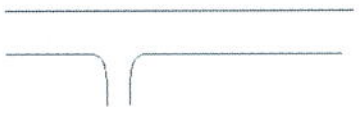	34	钢筋成品场	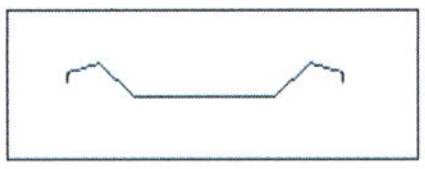
25	钢结构场	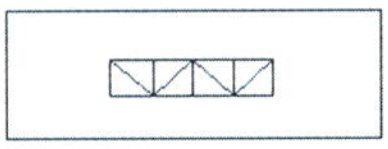	35	原有化粪池	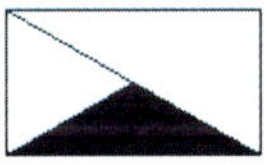
26	脚手、模板堆场		36	拟建化粪池	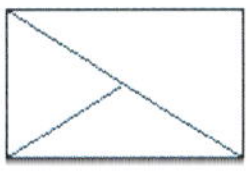
27	砌块存放场	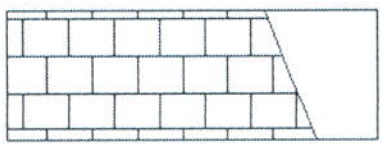	37	水源	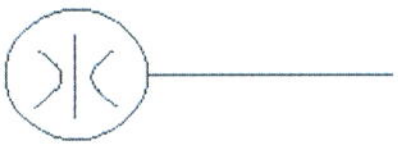
28	原有的上水管线		38	电源	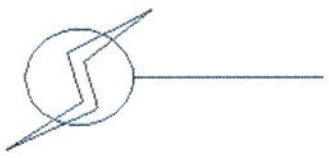
29	临时给水管线		39	变压器	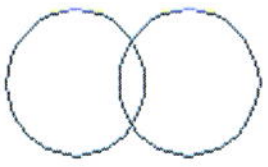
30	给水阀门(水嘴)		40	临时低压线路	

续表

序号	名称	图例	序号	名称	图例
41	支管接管位置		48	塔吊	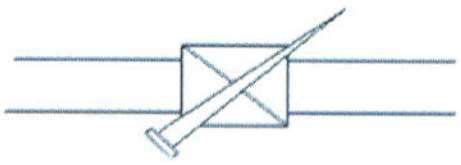
42	消火栓(原有)		49	井架	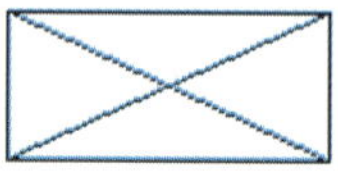
43	消火栓(临时)		50	门架	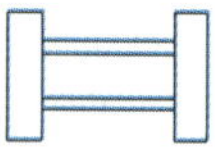
44	消火栓		51	混凝土搅拌机	
45	原有的排水管线		52	灰浆搅拌机	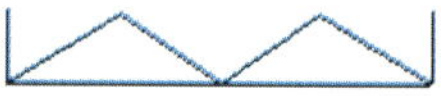
46	临时排水管线		53	脚手架	
47	临时排水沟		54	外用电梯	

附录C

某高层建筑各施工阶段施工平面布置图

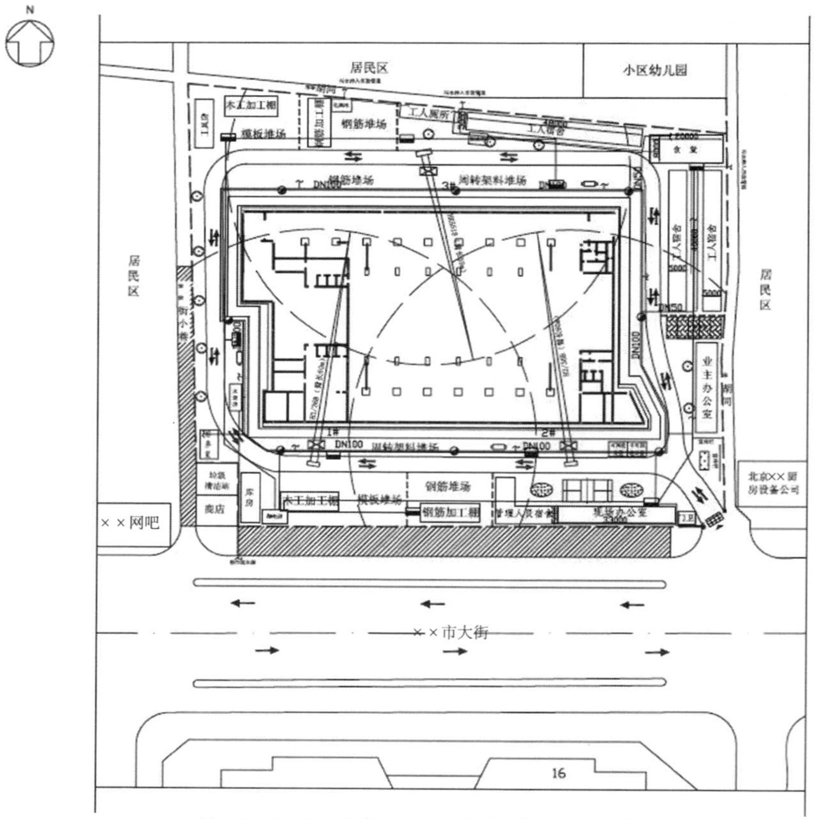

基础及地下室施工阶段总平面布置图

说明：

1. 根据现场踏勘实际情况，本工程现场东、西、北侧均为狭小胡同和居民住宅区，因此只有现场南侧××市大街可以作为现场材料、大型机械的运输道路。所以在现场东南角设置一8m宽大门作为现场材料、大型机械的主要出入口，大门处设有洗车槽和沉淀池，进出车辆必须经高压水枪冲洗后方准进入××市大街。

2. 现场设置环行消防、施工道路，道路宽度为4m，贯穿整个施工现场，临时道路、材料堆场和其他地面均进行硬化或绿化处理，以满足环保要求。

3. 根据招标文件和业主提供相关图纸，南北两侧塔吊基础桩基已经施工完毕，因此本阶段在南侧业主提供桩基位置设置两台H3/36B型塔吊，臂长60米；在北侧桩基位置布置一台QTZ5518型塔吊，臂长55m。通过以上塔吊的设置基本上可以覆盖整个施工区域，满足其正常施工和材料装卸的需要。

4. 为满足A栋和B栋各段混凝土浇注流水施工需要，本阶段共配置3台HBT-60型混凝土输送泵，混凝土输送泵搭建隔音棚，以降低混凝土浇注过程中产生的噪声对周围的影响。

5. 在建筑南侧和北侧空地分别设置钢筋和木工加工场地及堆场，在现场东南侧设立办公区和管理人员生活区，在现场东侧设立工人生活区。

6. 现场四周多为居民区和人行道路，为了保证行人的安全，对1#塔吊覆盖范围内人行道路搭建安全防护棚，对2#、3#塔吊采取限位措施，以保证其不对周边环境造成影响。

7. 现场设置垃圾回收站，对现场垃圾统一进行处理。

8. 图中标注以“毫米”为单位。

9. 现场临建主要面积详见下表。（单位为平方米）

库房	宿舍	标养室	厕所	垃圾回收站	周转架料堆场	配电室	钢筋加工房	木工加工房	办公室	工具房	食堂
80	2136	30	120	30	300	20	300	160	330	80	220

图例

图例		图例	
施工电梯	⊠	现场围墙	— —
洗车槽	▦	运输方向	⇆
施工道路	═	塔吊	
绿化草木		钢板围挡	- - - -
混凝土输送泵	▭	基坑边线	——
安全防护棚	▨	消火栓	◕
消火栓管道	——	生活、生产水管	——
排水管道	——	电缆	——
配电箱	▬		

工程名称				
制图 draft		基础及地下室施工阶段总平面布置图	图别 category	
设计 design			图号 sheet	
审核 approval			日期 date	

某高层建筑基础及地下室施工平面布置图

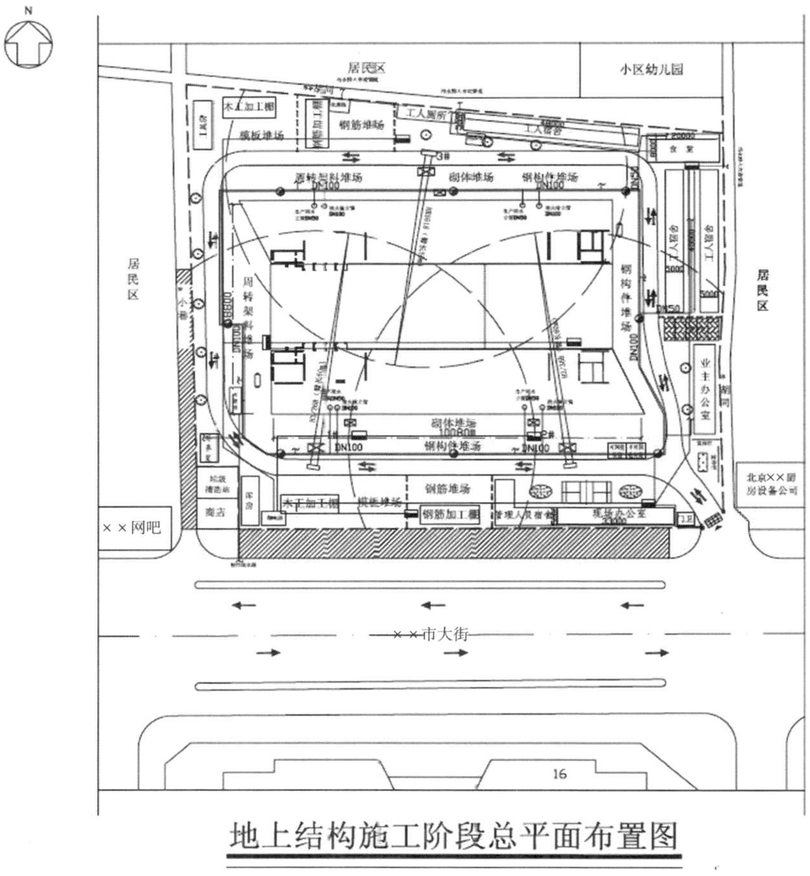

地上结构施工阶段总平面布置图

说明：

1. 根据现场踏勘实际情况，本工程现场东、西、北侧均为狭小胡同和居民住宅区，因此只有现场南侧××市大街可以作为现场材料、大型机械的运输道路。所以在现场东南角设置一8m宽大门作为现场材料、大型机械的主要出入口，大门处设有洗车槽和沉淀池，进出车辆必须经高压水枪冲洗后方准进入××市大街。

2. 现场设置环行消防、施工道路，道路宽度为4m，贯穿整个施工现场，临时道路、材料堆场和其他地面均进行硬化或绿化处理，以满足环保要求。

3. 本阶段北侧3#塔吊在A栋结构施工到10层时拆除，此阶段B栋结构已经封顶，3#塔吊的任务已经完成，如继续保留将影响到A栋结构的正常施工。结构施工至地上四层时，在A栋南侧布置两台SCD200/200型双笼施工电梯，在B栋北侧中间布置一台SCD200/200型双笼施工电梯，以满足人员上下和材料运输需要。

4. 为满足A栋和B栋各段混凝土浇注流水施工需要，本阶段共配置2台HBT-60型混凝土输送泵，混凝土输送泵搭建隔音棚，以降低混凝土浇注过程中产生的噪声对周围的影响。

5. 本阶段生活区、办公区和临时生产设施位置不变，只是在施工电梯附近增加砌体堆放场地，以满足施工需要，在南北两侧塔吊覆盖的范围增加钢构件堆场。

6. 现场四周多为居民区和人行道路，为了保证行人的安全，对1#塔吊覆盖范围内人行道路搭建安全防护棚，对2#、3#塔吊采取限位措施，以保证不对周边环境的安全造成影响。

7. 现场设置垃圾回收站，对现场垃圾统一进行处理。

8. 图中标注以"毫米"为单位。

9. 现场临建主要面积详见下表。（单位为平方米）

库房	宿舍	标养室	厕所	垃圾回收站	周转架料堆场	配电室	钢筋加工房	木工加工房	办公室	工具房	食堂
80	2136	30	120	30	300	20	300	160	330	80	220

图例

施工电梯　洗车槽　施工道路　绿化草木　混凝土输送泵　安全防护棚　消火栓管道　排水管道　配电箱

现场围墙　运输方向　塔吊　钢板围挡　基坑边线　消火栓　生活、生产水管　电缆

工程名称			
制图 draft		地上施工阶段总平面布置图	图别 category
设计 design			图号 sheet
审核 approval			日期 date

某高层建筑地上结构施工平面布置图

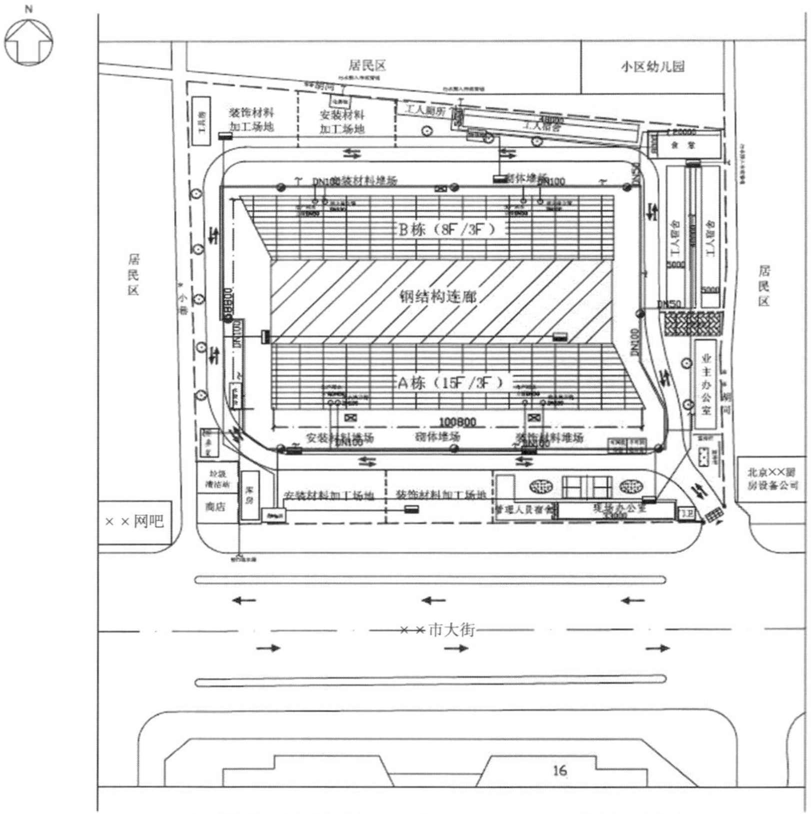

安装与装饰施工阶段（一）总平面布置图

说明：

1．根据现场踏勘实际情况，本工程现场东、西、北侧均为狭小胡同和居民住宅区，因此只有现场南侧××市大街可以作为现场材料、大型机械的运输道路。所以在现场东南角设置一8m宽大门作为现场材料、大型机械的主要出入口，大门处设有洗车槽和沉淀池，进出车辆必须经高压水枪冲洗后方准进入××市大街。

2．现场设置环行消防、施工道路，道路宽度为4m，贯穿整个施工现场，临时道路、材料堆场和其他地面均进行硬化或绿化处理，以满足环保要求。

3．本阶段1#、2#塔吊已拆除并运出场外，施工电梯保留，作为安装及装饰施工阶段材料运输和人员上下工具。

4．根据招标文件要求砌筑和装修砂浆采用预拌砂浆，现场不设置砂浆搅拌站，有利于环保。。

5．本阶段生活区、办公区和临时生产设施位置不变，只是在建筑南侧和北侧设置安装和装饰材料堆场和加工场地，在施工电梯附近设置砌体堆场，以满足装饰与安装施工需要。

6．本阶段由于塔吊拆除，四周人行通道存在的安全隐患随之消失，因此在工地周围搭建的安全防护棚也将拆除。

7．现场设置垃圾回收站，对现场垃圾统一进行处理。

8．图中标注以"毫米"为单位。

9．现场临建主要面积详见下表。（单位为平方米）

库房	宿舍	标养室	厕所	垃圾回收站	周转架料堆场	配电室	钢筋加工房	木工加工房	办公室	工具房	食堂
80	2136	30	120	30	300	20	300	160	330	80	220

图例

图例	图例
施工电梯	现场围墙
洗车槽	运输方向
施工道路	塔吊
绿化草木	钢板围挡
混凝土输送泵	基坑边线
消火栓管道	生活、生产水管
排水管道	电缆
配电箱	消火栓

工程名称			
制图 draft		安装与施工阶段总平面布置图	图别 category
设计 design			图号 sheet
审核 approval			日期 date

某高层建筑安装与装饰施工阶段（一）施工平面布置图

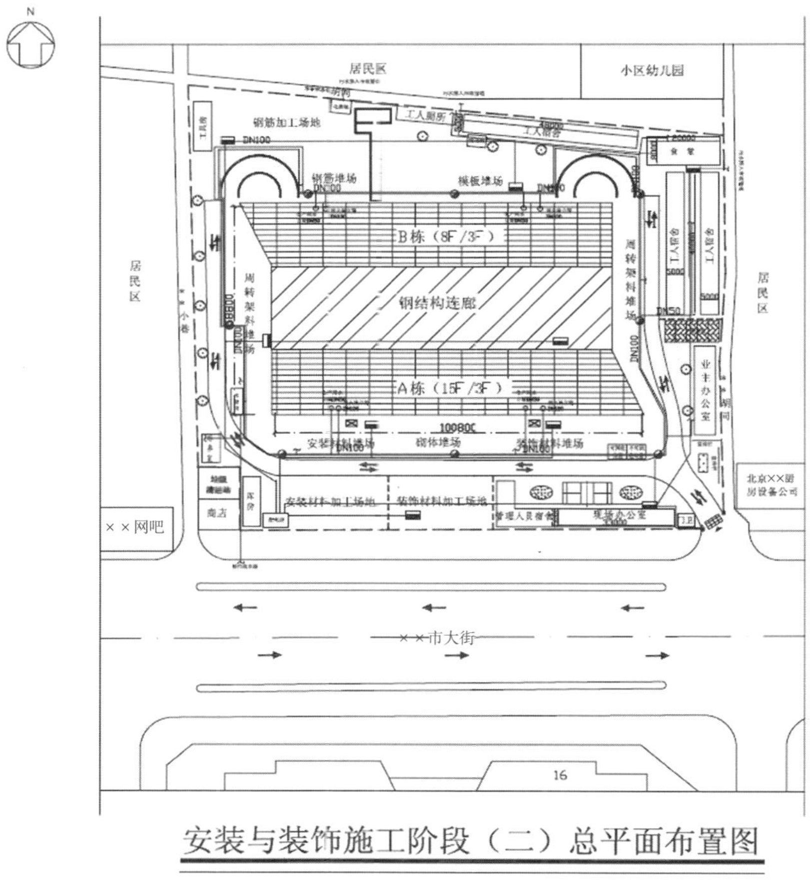

说明：

1. 根据现场踏勘实际情况，本工程现场东、西、北侧均为狭小胡同和居民住宅区，因此只有现场南侧××市大街可以作为现场材料、大型机械的运输道路。所以在现场东南角设置一8m宽大门作为现场材料、大型机械的主要出入口，大门处设有洗车槽和沉淀池，进出车辆必须经高压水枪冲洗后方准进入××市大街。

2. 本阶段由于进行汽车坡道和人防工程施工，北侧施工道路受到一定破坏。

3. 本阶段B栋安装与装修施工基本完成，北侧施工电梯拆除并运出场外，南侧施工电梯保留，作为A栋安装及装饰施工阶段材料运输和人员上下工具。

4. 根据招标文件要求砌筑和装修砂浆采用预拌砂浆，现场不设置砂浆搅拌站，有利于环保。

5. 本阶段为了满足汽车坡道和人防工程的施工需要增加周转架料和钢筋半成品堆放场地。

6. 现场设置垃圾回收站，对现场垃圾统一进行处理。

7. 图中标注以"毫米"为单位。

8. 现场临建主要面积详见下表。（单位为平方米）

库房	宿舍	标养室	厕所	垃圾回收站	周转架料堆场	配电室	钢筋加工房	木工加工房	办公室	工具房	食堂
80	2136	30	120	30	300	20	300	160	330	80	220

图例

- 施工电梯
- 洗车槽
- 施工道路
- 绿化草木
- 混凝土输送泵
- 安全防护棚
- 消火栓管道
- 排水管道
- 配电箱
- 现场围墙
- 运输方向
- 塔吊
- 钢板围挡
- 基坑边线
- 消火栓
- 生活、生产水管
- 电缆

工程名称			
制图 draft		安装与施工阶段总平面布置图	图别 category
设计 design			图号 sheet
审核 approval			日期 date

某高层建筑安装与装饰施工阶段（二）施工平面布置图